Татьяна Данина

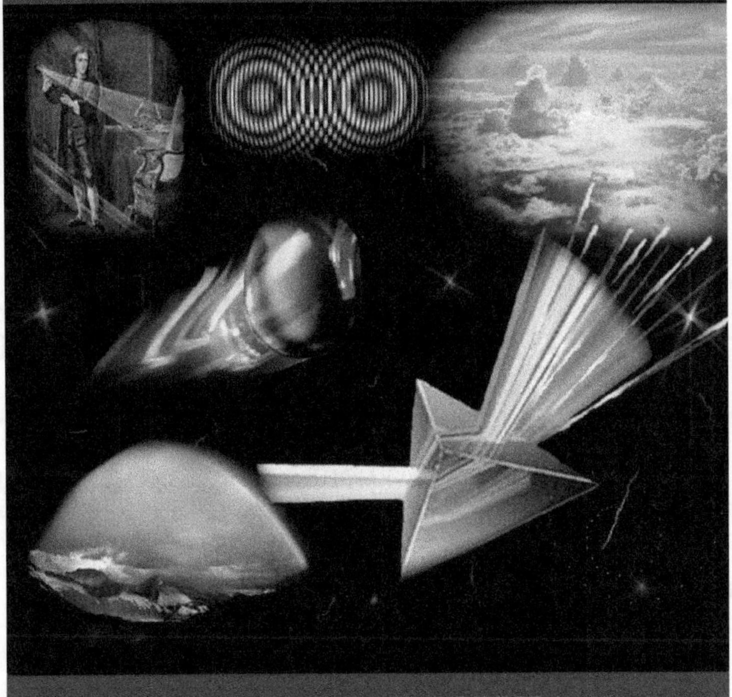

УЧЕНИЕ ДЖУАЛ КХУЛА

Книга 7

ОПТИКА И ТЕОРИЯ ЦВЕТА

ЭЗОТЕРИЧЕСКОЕ ЕСТЕСТВОЗНАНИЕ

УЧЕНИЕ ДЖУАЛ КХУЛА

ОПТИКА И ТЕОРИЯ ЦВЕТА

Книга 7

* * * * *

СЕРИЯ

ЭЗОТЕРИЧЕСКОЕ ЕСТЕСТВОЗНАНИЕ
* * * * *

Третья часть Учения гималайского адепта,
Джуал Кхула,
синтез науки и эзотерики

* * * * *

ТАТЬЯНА ДАНИНА

* * * * *

CREATE SPACE EDITION

2014

e-mail: danina.t@yandex.ru

Все электронные книги из серии «Эзотерическое Естествознание» представлены на вебсайте Amason:

https://authorcentral.amazon.com/gp/books?ie=UTF8&pn=irid58388648

Книга 1 – «Основные оккультные законы и понятия» - http://www.amazon.com/dp/B00I1MFZV8;

Книга 2 – «Эфирная механика» - http://www.amazon.com/dp/B00I214ATQ;

Книга 3 – «Астрономия и космология» - http://www.amazon.com/dp/B00I21HFU2;

Книга 4 – «Механика тел» - http://www.amazon.com/dp/B00I21HEO4;

Книга 5 – «Биология» - http://www.amazon.com/dp/B00I21NBGY;

Книга 6 – «Новая Эзотерическая Астрология, 1» - http://www.amazon.com/dp/B00I21NDV;

Книга 7 – «Оптика и теория цвета» - http://www.amazon.com/dp/B00I21NDV2;

Книга 8 – «Химия» - http://www.amazon.com/dp/B00I21NCW2;

Книга 9 – «Термодинамика» - http://www.amazon.com/dp/B00J13QH9K.

Еще книга моего дедушки – «Воспоминания русского фельдшера о финской войне» - http://www.amazon.com/dp/B00I21QZ3K

Все эти же книги теперь будут изданы на Create Space в печатном варианте и будет продаваться на Amazon – ищите в графе – Paperback.

Те же книги на английском:

The books of the series "The Teaching of Djwhal Khul – Esoteric Natural Science" - **"The main occult**

laws and concepts" - http://www.amazon.com/Main-Occult-Laws-Concepts -ebook/dp/B00GUJJR72
"Ethereal mechanics" -
http://www.amazon.com/The-Doctrine-Djwhal-Khul-mechanics-ebook/dp/B00I8KSY8Y (paperback -
https://www.createspace.com/4836813)
"New Esoteric Astrology, 1" -
http://www.amazon.com/dp/B00JF6RMCY (paperback -
https://www.createspace.com/4827294)
"Thermodynamics" -
http://www.amazon.com/dp/B00KGHK8EU (paperback -
https://www.createspace.com/4838412)
The book of my grandpa – **"The memories of the russian military paramedic Michael Novikov of the Finnish war"** http://www.amazon.com/dp/B00JYDITQ6

Желаем вам увлекательного прочтения!

СОДЕРЖАНИЕ

01. СВЕТ И ДРУГИЕ ЭЛЕКТРОМАГНИТНЫЕ ВОЛНЫ – ЭТО ПОТОКИ ЭЛЕМЕНТАРНЫХ ЧАСТИЦ

Давайте рассмотрим основные явления оптики и постараемся доказать мысль, что оптика связана с термодинамикой и всеми остальными разделами физики.

Основное отличие видимых (оптических) фотонов от остальных элементарных частиц заключается в том, что мы их можем «увидеть». Сам процесс зрительного восприятия мы попробуем разобрать в части, посвященной биологии. А здесь скажу лишь, что неким образом частицы Буддхического Плана, составляющие сущность нашего Человеческого «Я», обрабатывают совокупности видимых (оптических) фотонов, поступающих в клетки головного мозга через глаза и зрительные нервы. Но, так или иначе, мы способны воспринимать видимые (оптические) фотоны, испускаемые или отражаемые окружающими химическими элементами.

Геометрическая оптика посвящена детальному изучению закономерностей распространения видимых (оптических) фотонов (элементарных частиц оптического диапазона) в оптически прозрачных средах, и на границах раздела сред (тел) различной плотности, одна из которых обязательно является оптически прозрачной. Предмет изучения оптики – «свет». В ***узком*** смысле «***свет***» – это только свободные видимые (оптические) фотоны, а в более ***общем*** – это любые типы свободных элементарных частиц.

Современная оптика изучает особенности распространения в оптически прозрачных средах элементарных частиц различного качества (электромагнитных волн с различной длиной волны).

Есть ли разница между понятиями «свет» и «электромагнитная волна»? В принципе, это одно и то же. ***Световой луч*** – это поток видимых (оптических) фотонов, движущихся в одинаковом направлении.

Понятие «электромагнитная волна» употребляется в более широком смысле. Это поток фотонов любого качества – т.е. любых элементарных частиц, представленных на шкале частот электромагнитных волн. Хотя, в действительности, понятию *«электромагнитная волна»* можно придать еще более широкое значение и трактовать его как поток элементарных частиц любого качества.

Физики не употребляют термин «электромагнитная волна» по отношению движущимся электронам или протонам, или каким-либо другим элементарным частицам, не относящимся к фотонам. А следовало бы. Естественно, что к элементарным частицам не Физического, а других Планов, пока никто не применял понятие «электромагнитная волна» по той простой причине, что элементарные частицы других Планов еще не классифицированы с позиции физики. Это значит, что с ними не проводились опыты по изучению их длины волны. А все из-за того, что элементарные частицы других Планов Астрального, Ментального, Буддхического и других не испускаются элементами живых организмов в таком количестве, как это происходит с элементарными частицами Физического Плана, которые в огромном количестве накапливаются на поверхности химических элементов (поступая с Солнца), а затем в таком же огромном количестве испускаются в процессе горения химических элементов. Сейчас проводится достаточное количество опытов по изучению излучений живых организмов. Однако количество излучаемых частиц других Планов очень мало по сравнению с количеством частиц Физического Плана – например, видимых (оптических) фотонов – излучаемых любым светящимся химическим элементом. По этой причине не могли быть проведены опыты по изучению длины волны излучений живых существ. Отсюда – невозможность классифицировать данные типы элементарных частиц, даже если они и регистрируются приборами. Скорее всего, их относят к общему тепловому излучению тела. Что касается «свободно летающих» в воздухе элементарных частиц не Физического Плана – то их тоже можно зарегистрировать, как любые частицы Физического Плана. Но это сложно. Во-первых, потому, что их число, находящееся в какой-то момент в каком-то объеме воздуха очень мало. А во-вторых, отсутствуют методы классификации частиц в процессе их регистрации, если число регистрируемых частиц очень мало.

02. ДЛЯ ПЛАНЕТ СОЛНЦЕ – ОСНОВНОЙ ИСТОЧНИК ЭЛЕМЕНТАРНЫХ ЧАСТИЦ ФИЗИЧЕСКОГО ПЛАНА

Для химических элементов Земли основным источником радио, инфракрасных, видимых и ультрафиолетовых фотонов является Солнце. Когда какая-либо область на поверхности планеты повернута к Солнцу (освещена), химические элементы этой области бомбардируются всеми вышеперечисленными частицами. Элементарные частицы более нижних уровней Физического Плана, начиная с рентгеновских фотонов, также испускаются Солнцем, но в гораздо меньшем количестве. Поглощение элементами космической среды и верхних слоев атмосферы и вовсе сводит на нет число частиц нижних уровней Физического Плана, достигающих твердой или жидкой поверхности Земли.

03. ОСНОВНЫЕ ОПТИЧЕСКИЕ ЯВЛЕНИЯ

Оптика занимается изучением оптических явлений – т.е. законов поведения электромагнитных волн видимого диапазона (и близких к нему других диапазонов), распространяющихся во всевозможных средах и телах, состоящих из химических элементов. Давайте перечислим все существующие оптические явления.

1) Испускание «света»;
2) Поглощение света;
3) Отражение света;
4) Пропускание света;
5) Преломление света;
6) Рассеяние света.

Соответственно, раз мы считаем, что «свет» - это поток элементарных частиц определенного качества, то все перечисленные оптические явления мы будем рассматривать не только по отношению к видимым фотонам, но и по отношению ко всем остальным типам элементарных частиц.

Явления оптики очень трудно описывать отдельно друг друга, так как они взаимно переплетаются и одно сопровождает другое. Процессы поглощения и отражения могут протекать параллельно. Отражение всегда сопровождается испусканием и поглощением. В основе рассеяния лежат преломление и отражение. А причина преломления и поглощения одна и та же. И, наконец, пропускание всегда начинается с испускания или отражения, в ходе его наблюдается, пускай и ничтожное, рассеяние, и заканчивается пропускание, в конце концов, поглощением. Вот такая связь между явлениями оптики. А если быть точной – между особенностями поведения элементарных частиц в средах, состоящих из химических элементов.

04. ИСПУСКАНИЕ СВЕТА. ПОЧЕМУ ПРИ НАГРЕВАНИИ ТЕЛА ВНАЧАЛЕ КРАСНЕЮТ

А теперь мы займемся рассмотрением явления испускания света. Вначале мы разберем его в отношении оптических фотонов. А затем применим выявленные закономерности к любым типам элементарных частиц.

Если вы когда-нибудь наблюдали за процессом нагрева каких-либо тел, то должны были заметить, что тела при этом как бы переходят от одного состояния к другому и выражается это в изменении особенностей их окраски. До определенной температуры вещество тела либо окрашено в какой-либо цвет, либо прозрачно, либо блестит. Затем, при усилении или продолжении нагрева, тело приобретает красную окраску. Для разных веществ температура, при которой появляется красная окраска, различна. Проще всего наблюдать этот процесс на примере горения твердых тел, у которых на единицу объема приходится больше всего химических элементов, что позволяет создавать высокую яркость испускаемого или отражаемого света.

Испускание света происходит в процессе нагрева химических элементов вещества тела. При этом в процессе испускания, в той или иной мере осуществляется распад (испускание) периферических слоев химического элемента. Естественно, что первыми будут отделяться накопленные (поглощенные) элементами на периферии частицы солнечного происхождения. А отделяющиеся от элемента оптические фотоны как раз и позволяют нам увидеть химический элемент в составе нагреваемого тела. Но к испускаемым фотонам прибавляются также отражаемые фотоны, падающие на элемент (если нагрев осуществляется посредством бомбардировки падающими частицами).

В процессе нагрева распад тем больше – т.е. затрагивает тем более глубокие слои химического элемента – чем больше температура элемента, т.е. чем больше степень трансформации образующих его частиц и чем большее число частиц в составе элемента вовлечено в процесс трансформации. Распад (испускание) периферических слоев химического элемента в результате его нагрева – это *__горение__* химического элемента. Радиоактивные элементы также относятся к числу нагретых химических элементов. И *__радиоактивное излучение__* следует рассматривать как элементарные частицы, испускаемые нагретыми элементами.

Любой химический элемент в составе планеты (за исключением инертных газов) накапливает на своей поверхности солнечные элементарные частицы, которые движутся из верхних слоев атмосферы (из ионосферы) в направлении центра планеты. Это значит, что любой химический элемент при нормальной температуре уже имеет на своей поверхности определенное количество солнечных элементарных частиц, в том числе, и видимых фотонов. Количество частиц, которые накапливает элемент, обусловлено особенностями проявления вовне его суммарного Поля Притяжения и суммарного Поля Отталкивания, а также их величинами.

Нагрев элемента до температуры выше нормальной означает, что на поверхности элемента дополнительно накапливаются солнечные частицы с Полями Отталкивания. Среди солнечного излучения, достигающего планет, вообще преобладают частицы с Полями Отталкивания. Частицы с Полями Отталкивания увеличивают суммарное Поле Отталкивания химического элемента, на поверхность которого они осели. Это Поле Отталкивания экранирует суммарное Поле Притяжения элемента. Из-за этого уменьшается Сила Притяжения, вызываемая этим элементом в элементарных частицах, которые на него оседают. Т.е. все новые порции частиц с Полями Отталкивания, которые падают на элемент (т.е. нагревают его) перестают притягиваться этим элементом и начинают отражаться. Проще всего заставить отразиться частицу, которая и вне процесса трансформации обладает Полем Отталкивания, так как эфир, испускаемый частицей, вклинивается между частицами элемента и самой испускающей его частицей, и заставляет ее отдаляться от элемента. Среди всех частиц Физического Плана таким свойством обладают все частицы красного цвета (творящие больше всего эфира). При этом каждый диапазон на шкале частот включает в себя частицы красного цвета. Вот вам и **_объяснение того, почему при нагреве любого вещества первыми испускаются красные видимые фотоны_**. Следует уточнить – первыми испускаются любые красные элементарные частицы, падающие на элемент и нагревающие его, любого диапазона, а не только видимые красные фотоны.

Такое оптическое свойство тела, как его окрашенность раскрывается именно в процессе испускания видимых фотонов элементами данного тела. Однако проявление телом своей окрашенности имеет определенные границы. Так, например, мы не увидим окраску тела, как и не увидим тело вообще, если элементы этого тела не будут бомбардироваться какими-либо элементарными частицами – любого диапазона Физического Плана. В то же время, для того, чтобы была видна окраска тела, необходимо, чтобы на поверхности элементов тела не было накоплено слишком много «посторонних» элементарных частиц – т.е. чтобы температура элементов тела была близка к нормальной. Если температура элементов тела будет слишком большой, то мы увидим вначале красную окраску, которая затем перейдет в оранжевую, затем в желтую, потом белую. В то время как для того, чтобы проявлялась собственная окраска тела, нужно чтобы в процессе испускания света участвовали собственные периферические слои элементов, а не накопленные «посторонние» частицы.

Итак, тело, на которое не падают элементарные частицы, не излучает свет вообще – кажется черным. А слишком нагретое тело имеет красную окраску (в начальные этапы нагрева). ***Только температура, близкая к нормальной, способствует проявлению истинного цвета тела***.

Способы нагрева химических элементов могут быть различными. Это во-первых. А во-вторых, элементы различного качества по разному реагируют на различные способы нагрева. Перечислим способы нагрева химических элементов:

1) Нагрев химического элемента за счет поглощения (накопления) им элементарных частиц с Полями Отталкивания. Для нас, обитающих на поверхности планеты, это в первую очередь относится к накоплению частиц солнечного происхождения.

2) Соударение с химическим элементом элементарных частиц, испущенных другими химическими элементами. Можно иначе назвать это бомбардировкой элемента элементарными частицами.

3) Движение химического элемента относительно эфирного поля – т.е. происходит трансформация (повышение температуры) частиц в составе элемента за счет движения.

4) Трансформация (нагрев) за счет действия Поля Притяжения другого объекта. Эфир Поля Притяжения, движущийся к его источнику сквозь химический элемент, нагревает частицы в его составе. Роль такого способа трансформации возрастает в направлении центра любого небесного тела. На поверхности планет данный способ трансформации выражен слабо.

5) Трансформация (нагрев) за счет действия Поля Отталкивания другого объекта. В данном случае обязательным условием является фиксация нагреваемого таким способом химического элемента Полем Притяжения какого-либо объекта (например, Полем Притяжения планеты). Эфир Поля Отталкивания проходит сквозь зафиксированный химический элемент и таким образом нагревает (трансформирует) его. Такой способ нагрева всегда имеет место для химических элементов на поверхности какого-либо тела, контактирующего с другим, нагретым телом. Или же когда химический элемент контактирует с другим химическим элементом, в составе которого на периферии много частиц с Полями Отталкивания (пример – окисление химических элементов кислородом или галогенами).

Все перечисленные способы нагрева химических элементов могут приводить к испусканию ими оптических фотонов.

Однако существует разница между первым способом нагрева (накоплением на поверхности элемента частиц с Полями Отталкивания) и остальными четырьмя (различными способами трансформации). В случае накопления частиц с Полями Отталкивания не происходит трансформации частиц в составе элемента. Частицы с Полями Отталкивания экранируют изначально присущее химическому элементу его Силовое Поле и усиливают его суммарное Поле Отталкивания. Движение трансформирует (нагревает) все частицы в составе элемента. При соударении трансформируются (нагреваются) частицы в зоне удара. Степень трансформации частиц, вызванная действием суммарного Поля Притяжения элемента, тем больше, чем ближе к центру элемента. При трансформации Полем Отталкивания в наибольшей мере трансформируются (нагреваются) частицы, окружающие трансформирующую их частицу с Полем Отталкивания.

Среди всех перечисленных способов повышения температуры элемента основной – это накопление на поверхности элемента частиц с Полями Отталкивания (испущенных перед этим другим элементом). Данный способ повышает температуру элемента в наибольшей мере. Повышение температуры химического элемента – это увеличение его суммарного Поля Отталкивания. При этом, увеличенная таким образом температура элемента будет оставаться такой до тех пор, пока накопленные частицы не покинут элемент (не испустятся). Все остальные способы можно рассматривать как временные.

Повышение температуры суммарным Полем Притяжения элемента, а также его суммарным Полем Отталкивания исчезнут, если произойдет распад химического элемента. Обычные (не радиоактивные элементы) сами по себе не разрушаются. Однако и величина нагрева элемента этими двумя способами трансформации очень мала (по сравнению с нагревом за счет накопления частиц Ян). Поэтому данные два способа не ведут к испусканию элементом частиц.

Трансформация частиц элемента в процессе его движения длится до тех пор, пока элемент движется. Да и скорость движения элемента должна быть очень велика для того, чтобы происходило существенное повышение температуры элемента и испускание им элементарных частиц.

При соударении происходит временное повышение температуры (трансформация) частиц элемента в зоне удара. Однако этого чаще всего бывает достаточно для того, чтобы произошло испускание частицы, с которой произошло соударение бомбардировавшей ее другой частицы.

05. ТЕОРИЯ ЦВЕТА. ШЕСТЬ ЦВЕТОВ РАДУГИ. СКОРОСТЬ СВЕТА

Напомним имеющиеся сведения о видимых фотонах.

Видимые фотоны (фотоны видимого диапазона) – это элементарные частицы Физического Плана, относящиеся к диапазону значений, в котором постепенно изменяющейся величиной является количество эфира, исчезающего в частице в единицу времени. Помимо этого, любая частица в пределах данного диапазона может обладать любым из трех возможных значений, указывающих на количество творимого в единицу времени эфира. На шкале частот электромагнитных волн видимые фотоны располагаются между диапазоном ультрафиолетовых фотонов (еще более коротковолновых, чем видимые) и диапазоном инфракрасных фотонов (более длинноволновых, чем видимые).

В спектре между полосами разного цвета нет четких границ. Одна полоса плавно переходит в другую. Всего цветовых полос в спектре шесть, а не семь. «Установление именно семи основных цветов спектра в известной степени произвольно: Ньютон стремился провести аналогию между спектром солнечного света и музыкальным звукорядом» (Энциклопедия Юного Физика, статья «Дисперсия света»).

Наше цветовое восприятие основано на способности воспринимать количество эфира, творимого в единицу времени видимыми фотонами. Именно количество творимого, а не поглощаемого.

Три основных цвета – красный, желтый и синий – это три возможных значения количества творимого эфира. При этом частицы абсолютно любого Плана, на любом его уровне, могут иметь любое из трех данных возможных значений количества творимого эфира, но видеть мы способны только видимые фотоны.

Три дополнительных цвета – оранжевый, зеленый и фиолетовый. Они формируются видимыми фотонами трех основных цветов.

Как уже не раз говорилось, частицы трех основных цветов – синего, желтого и красного – характеризуются строго определенным количеством творимого в единицу времени эфира. *__Красные частицы творят наибольшее из всех возможных количество эфира. Синие – наименьшее. А желтые по количеству творимого эфира располагаются между красными и синими__*.

В то же время, величина, характеризующая скорость исчезновения эфира, может принимать очень много значений, в пределах даже небольшого диапазона в составе какого-то Плана. Именно поэтому, среди видимых фотонов и красного, и желтого, и синего цветов есть частицы, в которых в единицу времени исчезает большее количества эфира, а есть частицы, в которых исчезает меньшее количество эфира.

Поле Отталкивания у частицы рождается, когда скорость творения в ней эфира больше скорости разрушения (исчезновения). А Поле Притяжения появляется, когда скорость разрушения эфира превышает скорость творения.

__У красных видимых фотонов скорость творения эфира больше скорости исчезновения. Именно поэтому они характеризуются Полем Отталкивания. Однако среди этих красных видимых фотонов есть частицы с большими Полями Отталкивания, и есть с меньшими. Объясняется это как раз тем, что существуют красные видимые фотоны с разной скоростью исчезновения эфира. Чем больше скорость исчезновения эфира, тем меньше Поле Отталкивания. И, соответственно, чем меньше скорость исчезновение эфира, тем больше Поле Отталкивания__.

Все примерно то же самое можно сказать в отношении видимых фотонов желтого и синего цветов. С той лишь разницей, что у них вместо Полей Отталкивания Поля Притяжения. У желтых и синих видимых фотонов скорость исчезновения эфира больше скорости творения. Именно поэтому они характеризуются Полями Притяжения. При этом у синих скорость творения эфира меньше, чем у желтых. Однако и среди синих видимых фотонов, и среди желтых есть частицы с большими Полями Притяжения, и есть с меньшими. И объясняется это именно тем, что существуют синие и желтые видимые фотоны с разной скоростью исчезновения эфира. Чем больше скорость исчезновения эфира – как у синих, так и у желтых – тем больше Поле Притяжения. Соответственно, чем меньше скорость исчезновения эфира, тем меньше Поле Притяжения.

Мы уже говорили в Части, посвященной механике элементарных частиц, о том, термин «Поле Притяжения» синонимично термину «масса», а термин «Поле Отталкивания» - термину «антимасса». Частицы с антимассой всегда легче частиц с массой. Если обе частицы с антимассой, то легче та из них, у которой ее величина больше. Если обе частицы с массой, то тяжелее та, у которой масса больше.

Когда видимые фотоны испускаются или отражаются химическими элементами, после этого они движутся по инерции. Любая элементарна я частица, находящаяся в состоянии инерционного движения, обладает Полем Отталкивания – т.е. антимассой. Точнее, Поле Отталкивания существует только в заднем полушарии частицы (заднем – по ходу движения). Появление Поля Отталкивания – т.е. изменение качества частицы – это пример проявления трансформации. Таким образом, ***вес видимых фотонов (и других типов элементарных частиц) можно оценивать в двух случаях: 1) Вне трансформации; 2) В состоянии трансформации.***

В состоянии инерционного движения видимые фотоны трансформированы и поэтому, однозначно, легче их же самих в неподвижном состоянии.

Среди красных видимых фотонов можно выделить красные легчайшие – т.е. с наибольшими Полями Отталкивания (и вне состояния трансформации), красные средней легкости – с меньшими Полями Отталкивания, и красные наименьшей легкости – с самыми маленькими Полями Отталкивания среди всех красных видимых фотонов. Именно красные видимые фотоны средней тяжести образуют в спектре **_полосу красного цвета._** А вот самые тяжелые входят в состав полосы оранжевого цвета.

Точно также можно классифицировать желтые и синие видимые фотоны – желтые или синие легкие, желтые или синие средней тяжести, желтые или синие тяжелые. Желтые легкие видимые фотоны обладают наименьшими Полями Притяжения не только среди желтых, но и среди всех видимых фотонов. У желтых средней тяжести Поля Притяжения больше, чем у желтых легких, а у желтых тяжелых они еще больше. Желтые легкие входят в спектре в состав полосы оранжевого цвета. Желтые средней тяжести - в состав **_полосы желтого цвета_**. И, наконец, желтые тяжелые входят в состав полосы зеленого цвета.

Среди синих наибольшими Полями Притяжения обладают тяжелые синие видимые фотоны, наименьшими – легкие, а средними – синие средней тяжести. При этом Поля Притяжения любых синих видимых фотонов больше Полей Притяжения любых желтых. Синие легкие входят в состав зеленой полосы спектра. Синие средней тяжести – в состав **_полосы синего цвета_**. Синие тяжелые входят в состав фиолетовой полосы.

Когда видимые фотоны начинают инерционное движение, им сообщается первоначальная скорость. При одинаковой первоначальной скорости у видимых фотонов трех основных цветов разной массы формируется разное по величине Поле Отталкивания. Естественно, что наибольшие значения оно будет принимать у видимых фотонов красного цвета, а наименьшие – у синих, так как у красных и вне процесса трансформации есть Поля Отталкивания, а у синих вне трансформации присутствуют Поля Притяжения, наибольшие по величине среди всех видимых фотонов.

В процессе инерционного движения видимые фотоны объединяются в составе дополнительных цветов вследствие возникающего у них одинакового Поля Отталкивания.

Здесь сразу же следует обговорить один очень важный момент, касающийся того, что происходит в любом потоке фотонов (элементарных частиц). Испущенные каким-либо источником «света», они движутся от него по инерции. Однако как вы помните, лишь у частиц Ян инерционное движение равноускоренное. У частиц Инь оно равнозамедленное. Это означает, что если бы частицы Инь двигались в одиночестве (монохроматически), то их движение достаточно быстро прекратилось бы. По крайней мере, они не смогли бы преодолевать огромные космические расстояния. В то же время частицы Ян, напротив, разгонялись бы до неимоверных скоростей, и сообщали бы всему, с чем они сталкивались при этом колоссальнейшие энергии. Но благодаря тому, что *в любом потоке света присутствуют фотоны разного качества (не забывайте также про ИК и радио фотоны) происходит своего рода выравнивание скорости. Ян фотоны ускоряют Инь, подталкивая и отдавая частично испущенный эфир. Инь фотоны тормозят Ян, вынуждая толкать себя, и забирая часть эфира Ян. В итоге поток фотонов движется с некоей средней скоростью, которая и известна нам как скорость света.* **299 792,5 км/с** – это скорость света в свободном пространстве (вакууме). Как известно, в более плотных средах скорость света всегда меньше, чем в менее плотных. Если начать экспериментировать с качественным составом излучения – убавлять или прибавлять число частиц Ян или Инь – можно будет убедиться, что изменится и скорость этого светового потока. Так что скорость света – величина непостоянная. Следует также учитывать первоначальную скорость, придаваемую фотонам в испускающем их источнике света. Например, более разогретые звезды (более массивные) придают фотонам большую первоначальную скорость, нежели более холодные. Хотя в дальнейшем все равно происходит выравнивание скорости потока, но различным оказывается время, которое для этого требуется.

Торможение частиц Ян в потоке приводит к ослаблению их Поля Отталкивания. Причем, чем больше скорость разрушения эфира и меньше скорость творения, тем в большей мере будет ослабевать Поле Отталкивания – т.е. тем меньше будет Сила Инерции, заставляющая частицы двигаться вперед. К примеру, красные УФ фотоны всегда будут иметь в потоке меньшее Поле Отталкивания (меньшую Силу Инерции), нежели те же красные фотоны, но видимого диапазона. А все потому, что у УФ фотонов скорость разрушения эфира больше.

Для частиц Инь движение в общем потоке приводит к явлению, обратному торможению – к поддержанию их инерционного движения. Однако здесь тоже есть свои ограничения. Чем больше скорость разрушения, и меньше скорость творения эфира, тем слабее поддерживается движение. Т.е. тем меньше Поле Отталкивания (меньше Сила Инерции). К примеру, синие видимые фотоны в составе фиолетового цвета всегда обладают меньшим Полем Отталкивания (меньшей Силой Инерции), нежели синие видимые фотоны в составе полосы зеленого цвета. А вот Поле Отталкивания синих видимых фотонов и красных УФ совпадает. Но подробнее об этом в дальнейшем.

Вернемся к цветам радуги.

Первое совпадение величины Полей Отталкивания мы можем наблюдать у красных тяжелых видимых фотонов и у желтых легких – *в полосе оранжевого цвета*. Красные тяжелые видимые фотоны характеризуются небольшими по величине Полями Отталкивания. Они творят в единицу времени максимально возможное количество эфира. Но поглощают также очень много эфира. Почти столько же, сколько творят, но все же меньше. Потому то у них и есть Поле Отталкивания. Инерционное движение фотона относительно эфирного поля в той или иной мере обеспечивает потребность частицы в поглощаемом эфире, что позволяет ей испускать творимый эфир – частично или полностью. Насколько обеспечивается потребность частицы в поглощаемом эфире и каким по величине в результате будет скорость испускания эфира, зависит от количества поглощаемого и творимого ею эфира. Желтые легкие видимые фотоны творят в единицу времени среднее возможное количество эфира. А поглощают меньше эфира, чем красные тяжелые. Поэтому вне трансформации они характеризуются небольшими Полями Притяжения. Из-за того, что желтые легкие творят меньше эфира, чем красные тяжелые, но и исчезает в них меньше эфира, у частиц обоих типов возникает в процессе инерционного движения одинаковое по величине Поле Отталкивания. В результате, в ходе инерционного движения от испустившего их химического элемента в составе потока света красные тяжелые и желтые легкие видимые фотоны будут обладать одинаковым Полем Отталкивания. Вместе взятые, красные и желтые видимые фотоны, формируют в спектре полосу оранжевого цвета.

Второе совпадение величины Поле Отталкивания мы можем наблюдать у желтых тяжелых и у синих легких видимых фотонов – в составе *полосы зеленого цвета*. Желтые тяжелые видимые фотоны характеризуются небольшими по величине Полями Притяжения. Они творят в единицу времени среднее возможное количество эфира. Исчезает в них гораздо больше эфира, чем творится. По этой причине у них и есть Поля Притяжения. Синие легкие видимые фотоны творят в единицу времени минимальное возможное количество эфира. А исчезает в них меньше эфира, чем у желтых тяжелых. Поэтому вне трансформации они характеризуются Полями Притяжения, большими по величине, чем у желтых тяжелых. Из-за того, что синие легкие творят меньше эфира, чем желтые тяжелые, но и исчезает в них меньше эфира, у частиц обоих типов возникает в процессе инерционного движения одинаковое по величине Поле Отталкивания. В итоге в ходе инерционного движения от испустившего их химического элемента в составе общего потока желтые тяжелые и синие легкие видимые фотоны станут двигаться с одинаковой скоростью.

Вместе взятые, желтые и синие видимые фотоны, формируют в спектре полосу зеленого цвета.

И, наконец, третье совпадение величины Полей Отталкивания наблюдается в процессе формирования ***полосы фиолетового цвета***. Это цвет особый, так как в его состав входят не только видимые, но и ультрафиолетовые фотоны. Синие фотоны в составе фиолетового цвета относятся к видимому диапазону, а красные – к ультрафиолетовому. Итак, фиолетовый цвет составляют синие тяжелые видимые фотоны и красные легкие ультрафиолетовые. Синие тяжелые видимые фотоны творят в единицу времени наименьшее возможное количество эфира, а исчезает в них эфир с наибольшей скоростью из всех синих видимых фотонов. В результате они характеризуются наибольшими среди всех видимых фотонов Полями Притяжения. Красные ультрафиолетовые фотоны творят в единицу времени наибольшее возможное количество эфира, а исчезает в них больше эфира по сравнению с красными тяжелыми видимыми фотонами. Они характеризуются Полями Отталкивания, меньшими по величине, чем Поля Отталкивания красных тяжелых видимых фотонов. Из-за того, что видимые синие тяжелые творят меньше эфира, чем ультрафиолетовые красные легкие тяжелые, но и исчезает в них меньше эфира, у частиц обоих типов возникает в процессе инерционного движения одинаковое по величине Поле Отталкивания. В результате в ходе инерционного движения от испустившего их химического элемента в составе общего потока синие видимые тяжелые и красные ультрафиолетовые легкие фотоны станут двигаться с одинаковой скоростью.

Вместе взятые, синие видимые и красные ультрафиолетовые фотоны, формируют в спектре полосу фиолетового цвета.

Помимо упомянутых красных тяжелых и красных средней тяжести оптических фотонов, естественно, существуют и красные легкие видимые фотоны. Мы их не способны видеть. Однако они вместе с синими тяжелыми инфракрасными, которые мы тоже не видим, формируют фиолетовый инфракрасный цвет. Если бы могли его видеть, то он был бы таким же фиолетовым, как и видимый.

06. ТИПЫ ВИДИМЫХ ФОТОНОВ. ШЕСТЬ ЦВЕТОВ, А НЕ СЕМЬ В ОСНОВЕ ВСЕЛЕННОЙ

Напомним имеющиеся сведения о видимых фотонах.

Видимые фотоны – это элементарные частицы Физического Плана, относящиеся к диапазону значений, в котором постепенно изменяющейся величиной является количество эфира, исчезающего в частице в единицу времени. Помимо этого, любая частица в пределах данного диапазона может обладать любым из трех возможных значений, указывающих на количество творимого в единицу времени эфира. На шкале частот электромагнитных волн видимые фотоны располагаются между диапазоном Ультрафиолетовых фотонов (еще более коротковолновых, чем видимые) и диапазоном Инфракрасных фотонов (более длинноволновых, чем видимые).

В спектре между полосами разного цвета нет четких границ. Одна полоса плавно переходит в другую. Всего цветовых полос в спектре шесть, а не семь. «Установление именно семи основных цветов спектра в известной степени произвольно: Ньютон стремился провести аналогию между спектром солнечного света и музыкальным звукорядом» (Энциклопедия Юного Физика, статья «Дисперсия света», стр. 77-78).

Наше цветовое восприятие основано на способности воспринимать количество эфира, творимого в единицу времени видимыми фотонами. ***Именно количество творимого, а не поглощаемого.***

Три основных цвета – красный, желтый и ***синий*** – это три возможных значения количества творимого эфира. При этом частицы абсолютно любого Плана, на любом его уровне, могут иметь любое из трех данных возможных значений количества творимого эфира, но видеть мы способны только видимые фотоны.

Три дополнительных цвета – оранжевый, ***зеленый*** и ***фиолетовый***. Они формируются видимыми фотонами трех основных цветов.

Как уже не раз говорилось, частицы трех основных цветов – синего, желтого и красного – характеризуются строго определенным количеством творимого в единицу времени эфира. Красные частицы творят наибольшее из всех возможных количество эфира. Синие – наименьшее. А желтые по количеству творимого эфира располагаются между красными и синими.

В то же время, величина, характеризующая скорость исчезновения эфира, может принимать очень много значений, в пределах даже небольшого диапазона в составе какого-то Плана. Именно поэтому, среди видимых фотонов и красного, и желтого, и синего цветов есть частицы, в которых в единицу времени исчезает большее количества эфира, а есть частицы, в которых исчезает меньшее количество эфира.

Поле Отталкивания у частицы рождается, когда скорость творения в ней эфира больше скорости исчезновения. А Поле Притяжения появляется, когда скорость исчезновения эфира превышает скорость творения.

У красных видимых фотонов скорость творения эфира больше скорости исчезновения. Именно поэтому они характеризуются Полем Отталкивания. Однако среди этих красных видимых фотонов есть частицы с большими Полями Отталкивания, и есть с меньшими. Объясняется это как раз тем, что существуют красные видимые фотоны с разной скоростью исчезновения эфира. Чем больше скорость исчезновения эфира, тем меньше Поле Отталкивания. И, соответственно, чем меньше скорость исчезновение эфира, тем больше Поле Отталкивания.

Все примерно то же самое можно сказать в отношении видимых фотонов желтого и синего цветов. С той лишь разницей, что у них вместо Полей Отталкивания Поля Притяжения. У желтых и синих видимых фотонов скорость исчезновения эфира больше скорости творения. Именно поэтому они характеризуются Полями Притяжения. При этом у синих скорость творения эфира меньше, чем у желтых. Однако и среди синих видимых фотонов, и среди желтых есть частицы с большими Полями Притяжения, и есть с меньшими. И объясняется это именно тем, что существуют синие и желтые видимые фотоны с разной скоростью исчезновения эфира. Чем больше скорость исчезновения эфира – как у синих, так и у желтых – тем больше Поле Притяжения. Соответственно, чем меньше скорость исчезновения эфира, тем меньше Поле Притяжения.

Мы уже говорили в Главе, посвященной механике элементарных частиц, о том, термин «Поле Притяжения» синонимично термину «масса», а термин «Поле Отталкивания» - термину «антимасса». Частицы с антимассой всегда легче частиц с массой. Если обе частицы с антимассой, то легче та из них, у которой ее величина больше. Если обе частицы с массой, то тяжелее та, у которой масса больше.

Когда видимые фотоны испускаются или отражаются химическими элементами, после этого они движутся по инерции. Любая элементарна я частица, находящаяся в состоянии инерционного движения, обладает Полем Отталкивания – т.е. антимассой. Таким образом, вес видимых фотонов (и других типов элементарных частиц) можно оценивать в двух случаях: 1) Вне трансформации; 2) В состоянии трансформации.

В состоянии инерционного движения видимые фотоны трансформированы и поэтому, однозначно, легче их же самих в неподвижном состоянии.

Среди красных видимых фотонов можно выделить красные легчайшие – т.е. с наибольшими

Полями Отталкивания, красные средней легкости – с меньшими Полями Отталкивания, и красные наименьшей легкости – с самыми маленькими Полями Отталкивания среди всех красных видимых фотонов. Именно красные видимые фотоны средней тяжести образуют в спектре полосу красного цвета. А вот самые тяжелые входят в состав полосы оранжевого цвета.

Точно также можно классифицировать желтые и синие видимые фотоны – желтые или синие легкие, желтые или синие средней тяжести, желтые или синие тяжелые. Желтые легкие видимые фотоны обладают наименьшими Полями Притяжения не только среди желтых, но и среди всех видимых фотонов. У желтых средней тяжести Поля Притяжения больше, чем у желтых легких, а у желтых тяжелых они еще больше. Желтые легкие входят в спектре в состав полосы оранжевого цвета. Желтые средней тяжести - в состав полосы желтого цвета. И, наконец, желтые тяжелые входят в состав полосы зеленого цвета.

Среди синих наибольшими Полями Притяжения обладают тяжелые синие видимые фотоны, наименьшими – легкие, а средними – синие средней тяжести. При этом Поля Притяжения любых синих видимых фотонов больше Полей Притяжения любых желтых. Синие легкие входят в состав зеленой полосы спектра. Синие средней тяжести – в состав полосы синего цвета. Синие тяжелые входят в состав фиолетовой полосы.

Когда оптические фотоны начинают инерционное движение, им сообщается первоначальная скорость. При одинаковой первоначальной скорости у видимых фотонов трех основных цветов разной массы формируется разное по величине Поле Отталкивания. Естественно, что наибольшие значения оно будет принимать у видимых фотонов красного цвета, а наименьшие – у синих, так как у красных и вне процесса трансформации есть Поля Отталкивания, а у синих вне трансформации присутствуют Поля Притяжения, наибольшие по величине среди всех видимых фотонов.

В процессе инерционного движения видимые фотоны объединяются в составе дополнительных цветов вследствие возникающего у них одинакового Поля Отталкивания.

Первое совпадение величины Полей Отталкивания мы можем наблюдать у красных тяжелых видимых фотонов и у желтых легких. Красные тяжелые видимые фотоны характеризуются небольшими по величине Полями Отталкивания. Они творят в единицу времени максимально возможное количество эфира. Но поглощают также очень много эфира. Почти столько же, сколько творят, но все же меньше. Потому то у них и есть Поле Отталкивания. Инерционное движение фотона относительно эфирного поля в той или иной мере обеспечивает потребность частицы в поглощаемом эфире, что позволяет ей испускать творимый эфир – частично или полностью. Насколько обеспечивается потребность частицы в поглощаемом эфире и каким по величине в результате будет скорость испускания эфира, зависит от первоначальной скорости частицы и от количества поглощаемого и творимого ею эфира. Желтые легкие видимые фотоны творят в единицу времени среднее возможное количество эфира. А поглощают меньше эфира, чем красные тяжелые. Поэтому вне трансформации они характеризуются небольшими Полями Притяжения. Из-за того, что желтые легкие творят меньше эфира, чем красные тяжелые, но и исчезает в них меньше эфира, при одинаковой первоначальной скорости у частиц обоих типов возникает в процессе инерционного движения одинаковое по величине Поле Отталкивания. В результате, в ходе инерционного движения от испустившего их химического элемента красные тяжелые и желтые легкие видимые фотоны станут двигаться с одинаковой скоростью. Вместе взятые, красные и желтые видимые фотоны, формируют в спектре полосу оранжевого цвета.

Второе совпадение величины Поле Отталкивания мы можем наблюдать у желтых тяжелых и у синих легких видимых фотонов. Желтые тяжелые видимые фотоны характеризуются небольшими по величине Полями Притяжения. Они творят в единицу времени среднее возможное количество эфира. Исчезает в них гораздо больше эфира, чем творится. По этой причине у них и есть Поля Притяжения. Синие легкие оптические фотоны творят в единицу времени минимальное возможное количество эфира. А исчезает в них меньше эфира, чем у желтых тяжелых. Поэтому вне трансформации они характеризуются Полями Притяжения, большими по величине, чем у желтых тяжелых. Из-за того, что синие легкие творят меньше эфира, чем желтые тяжелые, но и исчезает в них меньше эфира, при одинаковой первоначальной скорости у частиц обоих типов возникает в процессе инерционного движения одинаковое по величине Поле Отталкивания. В итоге в ходе инерционного движения от испустившего их химического элемента желтые тяжелые и синие легкие видимые фотоны станут двигаться с одинаковой скоростью.

Вместе взятые, желтые и синие видимые фотоны, формируют в спектре полосу зеленого цвета.

И, наконец, третье совпадение величины Полей Отталкивания наблюдается в процессе формирования полосы фиолетового цвета. Это цвет особый, так как в его состав входят не только видимые, но и ультрафиолетовые фотоны. Синие фотоны в составе фиолетового цвета относятся к видимому диапазону, а красные – к ультрафиолетовому. Итак, фиолетовый цвет составляют синие тяжелые видимые фотоны и красные легкие ультрафиолетовые. Синие тяжелые видимые фотоны творят в единицу времени наименьшее возможное количество эфира, а исчезает в них эфир с наибольшей скоростью из всех синих видимых фотонов. В результате они характеризуются наибольшими среди всех видимых фотонов Полями Притяжения. Красные ультрафиолетовые фотоны творят в единицу времени наибольшее возможное количество эфира, а исчезает в них больше эфира по сравнению с красными тяжелыми видимыми фотонами. Они характеризуются Полями Отталкивания, меньшими по величине, чем Поля Отталкивания красных тяжелых видимых фотонов. Из-за того, что видимые синие тяжелые творят меньше эфира, чем ультрафиолетовые красные легкие тяжелые, но и исчезает в них меньше эфира, при одинаковой первоначальной скорости у частиц обоих типов возникает в процессе инерционного движения одинаковое по величине Поле Отталкивания. В результате в ходе инерционного движения от испустившего их химического элемента синие видимые тяжелые и красные ультрафиолетовые легкие фотоны станут двигаться с одинаковой скоростью.

Вместе взятые, синие видимые и красные ультрафиолетовые фотоны, формируют в спектре полосу фиолетового цвета.

Помимо упомянутых красных тяжелых и красных средней тяжести оптических фотонов, естественно, существуют и красные легкие видимые фотоны. Мы их не способны видеть. Однако они вместе с синими тяжелыми инфракрасными, которые мы тоже не видим, формируют фиолетовый инфракрасный цвет. Если бы могли его видеть, то он был бы таким же фиолетовым, как и видимый.

07. МЕХАНИЗМ ВОЗНИКНОВЕНИЯ СПЕКТРА

Давайте рассмотрим, что такое «*спектр*», а также, почему и как он возникает.

В физических экспериментах спектры обычно получают, пропуская «свет» либо сквозь призму, либо сквозь узкие щели или крошечные отверстия в плотном материале. На основании способа получения спектры бывают *призматические* и *интерференционные*.

Спектр – это видимый на экране ряд из шести цветов, плавно переходящих один в другой. Спектр образован «видимыми» фотонами различного качества.

Как уже говорилось, световой луч – это путь, проходимый «видимыми» фотонами (элементарными частицами, в более широком смысле) в среде. Иначе можно сказать, что это путь, «прожигаемый» «видимыми» фотонами (элементарными частицами). Причем, фотоны (элементарные частицы) в составе светового луча, испускаемого источником света, движутся все вместе. Это означает, что «видимые» фотоны разного качества не движутся разными путями. Тогда почему на экране мы видим полосы разного цвета? Потому что происходит следующее.

Вначале рассмотрим механизм «разложения» «света» при помощи стеклянной треугольной призмы. И. Ньютон использовал в своих опытах именно такие призмы. Треугольная призма имеет три вершины и три основания. Призму в опыте располагали одной из вершин вниз, а противолежащим ей основанием вверх. Как мы помним, фиолетовая полоса в спектре лежала на экране ближе основанию, а красная – ближе к вершине. Основание призмы содержит больше химических элементов, чем вершина. Поэтому суммарное гравитационное поле у основания призмы больше, чем у ее вершины. Именно этот факт, наряду с ограничением количества света, падающего на призму, становится причиной появления на экране радужных полос – спектра. Объяснение достаточно простое. Мы уже приводили его ранее. Повторим в общих чертах.

Химические элементы стекла, из которого состоит призма – кремний, кислород и примеси металлов. Кремний и примеси металлов характеризуются наибольшими Полями Притяжения по сравнению с кислородом.

Химические элементы стекла призмы создают Силу Притяжения в фотонах, входящих в призму. Соответственно, суммарная Сила Притяжения к основанию призмы оказывается больше Силы Притяжения к ее вершине, так как общее число элементов в основании больше. Сила Притяжения со стороны вершины невелика. Она ослабляет действие Силы Притяжения основания, но столь незначительно, что почти незаметно.

У каждого фотона, входящего в вещество призмы, есть Сила Инерции, двигающая его вперед. Причем, как уже говорилось в теории цвета, существуют фотоны трех основных цветов – синего, желтого и красного – с разной величиной количества разрушаемого эфира. При движении в составе общего потока у видимых фотонов разного качества оказывается разная по величине Сила Инерции. Сила Притяжения и Сила Инерции взаимодействуют в каждом фотоне в соответствии с Правилом Параллелограмма. Равнодействующая Сила оказывается диагональю параллелограмма, выстроенного на векторах обеих Сил как на сторонах. В итоге каждый фотон отклоняется на строго определенный угол в соответствии с направлением вектора равнодействующей Силы. И результат этого отклонения мы можем наблюдать на экране в виде спектра, где фотоны с разной Силой Инерции отклоняются от первоначальной траектории на свой собственный угол.

Мы можем наблюдать разделение светового луча на спектр только потому, что в призму входит очень небольшое количество «видимых» фотонов. Помните, в опыте мы ограничиваем количество «света», проделывая отверстие в плотной шторе? Если бы призму освещал дневной уличный свет, мы бы не увидели на экране спектр. Объясняется это тем, что яркость суммарного пропускаемого и отражаемого света при дневном освещении была бы столь велика, что превышала бы порог различения для нашего зрительного анализатора. Такой яркий свет мы характеризуем как «*белый*».

Теперь давайте разберем, как возникают спектры в дифракционной и интерференционной картинках.

Вот *описание интерференционной картинки*. «Если использовать белый свет, представляющий собой непрерывный набор длин волн от 0,39 мкм (фиолетовая граница спектра) до 0,75 мкм (красная граница спектра), то интерференционные максимумы для каждой длины волны будут…смещены друг относительно друга и иметь вид радужных полос. Только для m=0 (m – это максимум, примечание авт.) максимумы всех длин волн совпадают, и в середине экрана будет наблюдаться белая полоса, по обе стороны которой симметрично расположатся спектрально окрашенные полосы максимумов первого, второго порядков и т.д. (ближе к белой полосе будут находиться зоны фиолетового цвета, дальше – зоны красного цвета). (Т.И.Трофимова, «Курс физики», стр. 279).

А вот описание *дифракции Фраунгофера на одной щели*. «При освещении щели белым светом центральный максимум имеет вид белой полоски; он общий для всех длин волн (при $\varphi = 0$ разность хода равна нулю для всех λ). Боковые максимумы радужно окрашены, так как условие максимума при любых m различно для разных λ. Таким образом, справа и слева от центрального максимума наблюдаются максимумы первого…, второго… и других порядков, обращенные фиолетовым краем к центру дифракционной картины. Однако они настолько расплывчаты, что отчетливого разделения различных длин волн с помощью дифракции на одной щели получить невозможно» (Т.И.Трофимова, «Курс физики», стр. 291).

В стеклянной призме проводящей средой для «видимых» фотонов были элементы кислорода, входящие в состав стекла. А в отверстиях и щелях, проделанных в плотном материале – главным образом, азот воздуха. Однако причина возникновения и призматического спектра, и дифракционно-интерференционного одна и та же – гравитационные поля химических элементов. В призме это притяжение со стороны преобладающего числа элементов в основании. А в отверстии или щели это притяжение со стороны химических воздуха, одновременно с ослаблением потока света за счет притяжения фотонов элемент плотного материала, в котором те проделаны.

Любая дифракционно-интерференционая картина – это проекция на экран химических элементов, заполняющих щели или отверстие. Темные участки соответствуют расположению химических элементов. Спектр мы можем наблюдать только вследствие того, что узкая щель (или отверстие) пропускает довольно мало видимых фотонов, значительная часть которых к тому же поглощается элементами материала, в котором проделана щель (или отверстие). Именно ослабление светового потока дает нам возможность заметить, как химические элементы щели (отверстия) отклоняют своим притяжением движущиеся фотоны. Фотоны движет Сила Инерции.

Конкуренция Силы Инерции и Силы Притяжения со стороны каждого химического элемента в щели или отверстии приводит к возникновению равнодействующей Силы. Вектор этой Силы укажет направление, в котором станут двигаться фотоны. Так и возникают радужные максимумы на экране.

08. ОПТИЧЕСКИ ВОСПРИНИМАЕМЫЕ СВОЙСТВА ВЕЩЕСТВ

А теперь, после того, как мы разобрали, что представляют собой процессы испускания и отражения элементарных частиц (в том числе и видимых фотонов), давайте рассмотрим причины, по которым мы так или иначе оптически воспринимаем вещества окружающих нас тел и сред.

Все вещества окружающего мира в зависимости от того, можем ли мы сквозь них видеть или нет, следует разделить на две основные группы:

1) *Прозрачные*;
2) *Непрозрачные*.

После того как мы определили исследуемое вещество в одну из этих групп, следует провести еще одно классифицирование. В соответствии со второй классификацией все вещества:

1) Либо окрашены в один из шести цветов спектра (радуги);

2) Либо окрашены в смесь двух или большего числа цветов спектра;

3) Либо бесцветны;

4) Либо обладают металлическим блеском;

5) Либо сочетают в себе окрашенность с блеском;

6) Либо сочетают в себе бесцветность с блеском.

Соответственно, в любом из этих шести перечисленных случаев вещество тела или среды может быть либо прозрачным, либо непрозрачным.

Окрашенность, ***блеск*** или ***бесцветность*** в сочетании с прозрачностью или непрозрачностью – это оптические свойства вещества и они проявляются при взаимодействии движущихся элементарных частиц с химическими элементами вещества. Движущиеся видимые фотоны являются обязательными для проявления блеска вещества, но необязательны для проявления окрашенности вещества. В этом, последнем случае их могут заменить частицы другого качества – например, ИК или радио фотоны.

Существование у вещества окрашенности, блеска или прозрачности обусловлено:

1) Особенностями качественно-количественного состава химических элементов вещества;

2) Качеством бомбардирующих частиц.

Блеск, бесцветность и большинство случаев окрашенности веществ, находящихся на поверхности небесных тел планетарного типа (т.е. в условиях достаточно низких температур) обусловлены отражением и испусканием видимых фотонов.

09. ПОЧЕМУ ВЕЩЕСТВА ХАРАКТЕРИЗУЮТСЯ ТЕМ ИЛИ ИНЫМ ЦВЕТОМ?

Цветовую окрашенность веществ при нормальной температуре (или близкой к ней) обуславливают два процесса – отражение вкупе с испусканием. При н.у. все вещества как раз находятся в слабонагретом состоянии. Температура, характерная для нормальных условий или близкая к ней, свойственная для поверхностных слоев небесного тела планетарного типа. Таким образом, на поверхности планеты, мы воспринимаем окраску веществ за счет отражения падающих видимых фотонов и испускания видимых фотонов, выбиваемых падающими на элементы частицами. Испускание видимых фотонов всех присутствующих типов в ответ на бомбардировку падающими на элементы элементарными частицами вкупе с отражаемыми видимыми фотонами, обуславливает цвет, которым и будет обладать в нашем восприятии данный химический элемент.

Так как наши зрительные анализаторы настроены на восприятие только видимых фотонов, то нас как раз и интересует наличие в составе химических элементов именно этой разновидности элементарных частиц.

Как же получается, что химические элементы оказываются окрашенными в те или иные цвета?

Как нам уже известно из химии, каждый химический элемент обладает уникальной, свойственной ему одному качественно-количественной характеристикой. Эта характеристика указывает на качество и количество всех представленных в составе элемента частиц. И Силовое Поле элемента, проявляющееся вовне, в точности соответствует этой характеристике. Это означает, что над каждой частицей в составе поверхностного слоя мы будем воспринимать со стороны либо Поле Притяжения, либо Поле Отталкивания. И величина этих Полей над каждой частицей может иметь свою собственную величину, отличную от остальных. Для чего это говорится? А для того, чтобы напомнить – там, где химический элемент проявляет вовне Поле Притяжения, накапливаются свободные частицы, поступающие с Солнца. Эти Солнечные частицы, накапливающиеся на поверхности химических элементов, вносят свою роль в особенности зрительного восприятия данного химического элемента - т.е. будет ли элемент создавать блеск или же окрашенность. И если это окрашенность, то в какой цвет будет окрашен элемент. И какой тон будет присущ цвету – светлый или темный?

Таким образом, я вас подвожу к следующей мысли.

Для того, чтобы проявился вовне присущий элементу цвет, необходимо, чтобы были «оголены» видимые фотоны в составе его поверхностных слоев. Т.е. необходимо, чтобы они не были экранированы солнечными свободными частицами. В противном случае, при бомбардировке элемента падающими на него частицами, будут испускаться именно эти, накопленные свободные частицы.

Таким образом, можно сделать вывод о том, что «оголенными» видимые фотоны могут быть только в том случае, если проявляющееся вовне Поле

Притяжения в тех участках, где они располагаются, невелико. В противном случае, видимые фотоны будут заслоняться накапливаемыми на поверхности солнечными частицами.

В том случае, если на поверхности химического элемента, наряду с «оголенными» видимыми фотонами, присутствуют зоны, где Поле Притяжения элемента велико (больше, чем на участках с «оголенными» видимыми фотонами), то в этих зонах свободные частицы как раз и накапливаются.

Именно зоны на поверхности элемента, где накапливаются свободные частицы, как раз и будут отвечать за то, каким окажется тон окраски химического элемента – светлым или темным. Чем больше таких зон, тем более светлым будет тон общего цвета. Чем меньше этих зон – тем темнее. Объясняется очень просто. Видимые фотоны, содержащиеся среди накапливаемых свободных частиц, будут испускаться при соударении с ними падающих частиц. Именно за счет этих видимых фотонов в испускаемых элементом световых лучах будет расти суммарное число видимых фотонов всех цветов. Когда в «световых лучах» испускаемых или отражаемых источником «света», содержится приблизительно одинаковый процент видимых фотонов всех цветов, наш зрительный анализатор не различает отдельные цвета – т.е. не фиксирует преобладание видимых фотонов какого-то одного цвета. Наш мозг просто характеризует цвет данного «светового луча» как «*белый*», «*светлый*», видимо, из-за того, что велико общее число видимых фотонов, входящих в глаз в единицу времени. В итоге, к видимым фотонам, отвечающим за цвет данного элемента, прибавляются примерно равное число видимых фотонов всех цветов, что делает световой луч более светлым.

В нашем случае, раз мы хотим оценить особенности окраски того или иного химического элемента, нас будет интересовать присутствие в составе периферических слоев видимых фотонов.

Существуют типы химических элементов, у которых видимые фотоны в их составе присутствуют и располагаются в самых-самых поверхностных слоях. Их может быть много, а может быть мало – в целом. При этом, среди этих видимых фотонов могут преобладать фотоны одного какого-то из шести цветов. Или же двух цветов, или трех. Или все присутствующие видимые фотоны всех шести цветов численно могут быть представлены поровну. Т.е. от одного типа элемента к другому может изменяться состав и число представленных на периферии видимых фотонов. Во все перечисленных случаях мы как раз и сможем говорить о той или иной окраске исследуемого химического элемента.

Кроме того, существуют такие типы химических элементов, у которых видимых фотонов в их составе очень мало. А есть такие разновидности элементов, у которых видимые фотоны присутствуют, но их закрывает толстый слой элементарных частиц другого качества – ИК и радио фотонов.

Мы все равны в смысле свободы нашей воли, но не все одинаковы.

Между положением химического элемента в периодической системе и преобладанием на его периферии видимых фотонов того или иного качества, и, соответственно, окраской элемента, нет взаимосвязи.

А теперь поговорим о том, откуда взялись в составе химических элементов оптические фотоны и способны ли происходить изменения в качественно-количественном составе химических элементов. Первоначальный качественно-количественный состав химических элементов складывается в процессе их формирования. Это означает, что видимые фотоны, как и все остальные частицы различного качества, накапливаются в элементах в процессе образования элементов. И заметьте, очень, очень огромно число частиц каждого подуровня Физического Плана в составе любого элемента. В целом же общее число частиц в составе любого элемента невообразимо огромно!

Помимо того, что частицы накапливаются в элементах в процессе их формирования, качественно-количественный состав элементов может изменяться в зависимости от условий, в которых располагается элемент, и процессов, которые в нем протекают. Перечислим случаи, при которых качественно-количественный состав элементов может изменяться.

1) Элементы с проявляющимися вовне Полями Притяжения могут отбирать («оттягивать») частицы с периферии элементов с более слабыми Полями Притяжения, и тем более, с периферии элементов с Полями Отталкивания. К слову сказать, путем отбора элементарных частиц с периферии протекают все химические реакции;

2) В процессе нагрева химических элементов они теряют с периферии частицы. И чем больше нагрев,

тем более тяжелые частицы теряются, тем больше распадается периферия элемента;

3) Химические элементы также накапливают частицы, испускаемые элементами другого небесного тела (например, элементы Земли накапливают солнечные излучения). Частицы, испущенные звездой, двигаясь по инерции, частью проходят сквозь атмосферу, а частью – накапливаются в ионосфере, после чего под действием Центростремительной Силы Притяжения движутся в направлении центра планеты, поглощаясь по мере своего «спуска» элементами, которые встречаются пути или теми, мимо которых частицы движутся. Здесь следует указать, что на частицы, движущиеся по инерции сквозь атмосферу, также влияет Центростремительная Сила Притяжения планеты;

4) В ходе радиоактивного распада химических элементов также изменяется качественно-количественный состав элементов – элементы теряют частицы.

Если вещество состоит из химических элементов одного типа, то давать оценку цвета данного вещества проще всего. Видимые фотоны, преобладающие на периферии элементов данного вещества определяют главную цветовую линию, которая характеризует данное вещество. Видимые фотоны другого качества, которые содержатся на периферии элемента в меньшем количестве, придают «главному» цвету те или иные оттенки. Так в итоге и формируется цвет химического элемента какого-то конкретного типа.

Если же в составе вещества содержатся химические элементы разных типов, то главная цветовая линия усложняется в еще большей мере.

В результате, в окружающем мире мы можем наблюдать не столь много веществ, окрашенных в чистые цвета - т.е. в один из цветов радуги (спектра). Очень часто мы видим сочетания дополнительных цветов – оранжевого, зеленого и фиолетового, рождающие цвета, очень далекие от чистых.

Целенаправленно, люди научились в больших объемах выделять или создавать вещества-красители, имеющие чистые цвета. Именно по этой причине в окраске промышленных товаров и упаковок продуктовых товаров чаще всего присутствуют чистые цвета. И весь наш быт в итоге украшен всеми цветами радуги.

10. СВЕТЛЫЕ И ТЕМНЫЕ ТОНА (ПРИ ИЗМЕНЕНИИ ИНТЕНСИВНОСТИ ПАДАЮЩЕГО СВЕТА)

А теперь мы снова вернемся к теме окрашенности и разберем, почему существуют вещества, окрашенные одинаково, но при этом одни из них имеют более светлые тона, а другие – более темные.

Во-первых, цвет любого вещества под лучами падающего на него «света» (видимых фотонов) приобретает более светлый тон. А с уменьшением интенсивности падающего «света» – т.е. с наступлением темноты – тон цвета становится все более темным. А при минимальной освещенности все вещества кажутся темно-темно серыми, почти черными. Объяснение следующее.

Когда в «световых лучах» испускаемых или отражаемых источником «света», содержится приблизительно одинаковый процент видимых фотонов всех цветов, наш зрительный анализатор не различает отдельные цвета – т.е. не фиксирует преобладание видимых фотонов какого-то одного цвета. Наш мозг просто характеризует цвет данного «светового луча» как «белый», «светлый», видимо, из-за того, что велико общее число видимых фотонов, входящих в глаз в единицу времени.

Когда какое-либо вещество подвергается бомбардировке элементарными частицами (в число которых входят видимые фотоны), в ответ на это его химические элементы испускают с периферии собственные видимые фотоны, качество которых обуславливает цветовую окраску данного вещества. Вместе с испусканием собственных видимых фотонов происходит отражение падающих «световых лучей».

В световом луче, состоящем из испускаемых и отражаемых видимых фотонов, будут преобладать видимые фотоны, обуславливающие окраску вещества, так как в составе падающего «светового луча» также обязательно присутствуют видимые фотоны такого же цвета.

Итак, добавление к испускаемым фотонам отражаемых, делает суммарные «световые лучи», более светлыми – т.е. более «белыми».

В итоге, чем больше интенсивность падающего «света» (т.е. чем больше фотонов в падающих «световых лучах»), тем более светлым становится тон цветовой окраски вещества.

И чем больше интенсивность падающего «света», тем в большей степени цвет вещества приближается к белому. Это возникает тогда, когда число отражаемых видимых фотонов значительно превышает число испускаемых.

А теперь поговорим о том, почему при уменьшении интенсивности падающих «световых лучей», тон цветовой окраски вещества становится все более темным. Объяснение будет прямо противоположным предыдущему.

Чем меньше интенсивность падающего «светового луча», тем меньше интенсивность и отражаемого – т.е. чем меньшее число видимых фотонов падает в единицу времени на элементы вещества, тем меньшее число их будет и отражаться. Поэтому тем менее светлым, менее ярким будет зрительное ощущение, создаваемое суммарным испускаемо-отражаемым «световым лучом». Соответственно, тон цветовой окраски данного вещества будет более темным.

И помимо этого, чем меньше интенсивность падающих «световых лучей», тем меньшее число видимых фотонов испускается. Т.е. в ответ на уменьшение числа бомбардирующих частиц уменьшается число испускаемых частиц. В результате «светлость» («белизна») суммарного испускаемо-отражаемого «светового луча» также уменьшается за счет уменьшения в его составе числа испускаемых видимых фотонов. Поэтому цветовая окраска вещества приобретает все более темный тон.

По мере того, как интенсивность падающих «световых лучей» уменьшается, цвет вещества все более приближается к черному. Т.е. с наступлением темноты вещество чернеет (темнеет). Объясняется это тем, что уменьшается число испускаемых видимых фотонов, обуславливающих ту или иную окраску вещества, из-за того, что уменьшается число падающих частиц, способных повысить степень трансформации периферических частиц и заставить их тем самым покинуть элемент.

Таким образом, черный цвет – это отсутствие цвета, обусловленное отсутствием (полным или почти полным) в суммарном испускаемо-отражаемом «световом луче» любых видимых фотонов.

Белый цвет – это также отсутствие какого-то конкретного цвета. Однако в отличие от черного цвета наличие белого цвета обусловлено присутствием в суммарном испускаемо-отражаемом «световом луче» значительного количества видимых фотонов всех цветов.

11. СВЕТЛЫЕ И ТЕМНЫЕ ТОНА (ИЗНАЧАЛЬНО ПРИСУЩИЕ). БЕЛЫЙ И ЧЕРНЫЙ ЦВЕТА

Помимо того, что любые цвета изменяют свой тон, в ответ на изменение интенсивности падающего излучения, существуют цвета изначально более светлого тона и цвета более темного тона.

Итак, существуют вещества, обладающие одинаковым цветом. Но при этом у одних веществ данный цвет имеет более светлый тон, а у других – более темный. Почему так? А вот почему.

То, что два вещества – одно из которых более светлоокрашенное, а другое более темноокрашенное – обладают одинаковым цветом, говорит о том, что у них на периферии представлен одинаковый качественно-количественный состав оптических фотонов. Однако химические элементы, отвечающие за цвет данных веществ, обладают разными внешними проявлениями качества – т.е. разным будет общий качественно-количественный состав этих элементов. И как следствие – различаться будут Силовые Поля этих элементов. Как мы уже говорили в статье «Окраска тел», Силовые Поля химических элементов могут представлять из себя Поля Притяжения, Поля Отталкивания или же быть нейтральными. И величина этих Полей может быть различной. Причем у отдельно взятого элемента в составе Силового Поля могут быть участки различного качества. Например, где-то может проявляться Поле Притяжения одной величины, а на других участках поверхности – другой. Так вот, химические элементы более светлоокрашенного вещества будут иметь величину Поля Притяжения на участках, накапливающих свободные частицы, больше, нежели элементы более темного вещества. Именно участки с большими Полями Притяжения накапливают свободные частицы. Среди этих свободных частиц присутствуют видимые фотоны всех цветов, которые, испускаясь при соударениях, суммарно дают светлый (белый) цвет. Видимые фотоны, обуславливающие общий цвет химических элементов данного вещества, испускаются с тех участков элементов, где Силовое Поле нейтрально или его величина невелика, из-за чего на этих участках накапливается мало свободных частиц (или вообще не накапливается). Совокупно, видимые фотоны, дающие общий цвет, вместе с видимым фотонами всех цветов, обуславливают тот или иной тон (светлый или темный) общего цвета.

Здесь хочу обратить ваше внимание на следующий момент. Если величина Полей Притяжения на тех участках, которые накапливают свободные частицы в большом количестве, оказывается слишком велика, тогда данное вещество будет иметь уже не светлый оттенок какого-либо цвета. Нет, это будет уже металл, обладающий данным цветом и будет характеризоваться металлическим блеском. Объясняется это тем, что указанные участки, накапливающие много свободных частиц, плохо испускают накопленные частицы при соударении с ними бомбардирующего светового потока. Таким образом, в отражаемо-испускаемом световом луче остаются, главным образом, только отражаемые видимые фотоны.

Белый цвет, изначально присущий элементам того или иного вещества, представляет, таким образом, крайний случай светлого тона любой цветовой окраски. Белый цвет говорит нам о том, что вся поверхность химических элементов накапливает достаточное количество свободных частиц, среди которых много видимых фотонов всех цветов, которые и будут испускаться при падении на них бомбардирующих частиц. И при этом, в составе поверхностных слоев очень мало или нет совсем участков, которые не накапливают свободные частицы и в составе которых есть видимые фотоны.

А вообще, существует множество очень светлых, почти белых вариантов цвета, которые все же не являются абсолютно белыми. Им присущ небольшой, почти неразличимый оттенок того или иного цвета, которые создают испускающиеся изначально присущие видимые фотоны, располагающиеся на периферии элементов данного вещества.

Что касается элементов ***темноокрашенного*** вещества того же цвета, что и светлоокрашенного, о котором говорилось перед этим, то они имеют на тех участках, которые накапливают свободные частицы, меньшие по величине Поля Притяжения, чем у элементов более светлоокрашенного вещества. Из-за этого они могут испускать в ответ на падение на них бомбардирующих частиц меньше видимых фотонов (накапливающихся в составе свободных частиц). В результате, у такого элемента в ответ на падение на него элементарных частиц в составе отражаемо-испускаемого светового луча меньше накопленных видимых фотонов. Т.е. общие световые лучи, испускаемые данным элементом, меньше разбавляются видимыми фотонами всех цветов, и цвет не кажется таким светлым. Чем меньше Поля Притяжения элементов вещества, тем меньше в световом луче будут преобладать видимые фотоны всех цветов, тем более темным будет тон данного светового луча, и, соответственно, окраска данного вещества.

Черный цвет, также как и белый, является еще одним крайним вариантом окрашенности элементов веществ. Белый цвет обусловлен преобладанием среди испускаемых фотонов оптических фотонов всех цветов из-за большего по величине Поля Притяжения у элементов данного вещества. А _**черный цвет**_ – это, своего рода, нулевая окрашенность. И обусловлен данный вариант: во-первых, достаточно малой величиной Поля Притяжения элемента, из-за чего на поверхности элемента практически не накапливаются свободные частицы. А во-вторых, отсутствием на его периферии видимых фотонов какого-либо определенного цвета вообще. В результате, в ответ на падение на данный элемент элементарных частиц, никакие видимые фотоны не испускаются.

**Металлический блеск** – это крайний случай светлой окрашенности элементов. Поле Притяжения элемента-металла настолько велико, что элемент в ответ на падение элементарных частиц испускает очень мало даже накопленных оптических фотонов. Т.е. происходит в основном только отражение падающих оптических фотонов. Отсюда способность ряда металлов, особенно в отшлифованном виде, отражать в неизменном качественно-количественном составе.

Таким образом, можно подвести небольшой итог и сделать общий вывод: ***химические элементы более темноокрашенных веществ, из которых крайним вариантом будет черный цвет, обладают суммарно меньшими Полями Притяжения, нежели светлоокрашенные, из которых крайним вариантом будет белый цвет.***

12. ОТБЕЛИВАЮЩИЙ ЭФФЕКТ СОЛНЦА И ОТБЕЛИВАТЕЛЕЙ

Наверняка вы замечали, что вещи, долго подвергавшиеся воздействию интенсивного солнечного излучения, «выцветают». «Выцветание» означает, что тон цветовой окраски вещей становится более светлым. Точно такой же эффект оказывают на цвет вещей используемые в быту отбеливающие средства. Что же происходит при этом с химическими элементами отбеливаемых веществ?

Если объяснить происходящее в двух словах, то все очень просто – ***на поверхности химических элементов накапливается избыточное***

*количество свободных элементарных частиц,
среди которых много видимых фотонов всех
цветов*.

Давайте рассмотрим механизм выцветания вначале на примере действия солнечного излучения.

Солнечные частицы, испущенные Солнцем, двигаясь по инерции, достигают планет. Они продолжают свое движение. При этом их притягивают элементы атмосферы, сквозь которую они движутся. Химические элементы атмосферы накапливают свободные частицы на своей поверхности. В дальнейшем эти частицы спускаются вниз, в направлении центра планеты, двигаясь от элемента к элементу, по их поверхности. Таким образом, элементы всех веществ на поверхности планеты накапливают свободные частицы двумя путями. Либо это накапливаются те частицы, что инерционно движутся в составе светового луча и непосредственно соударяются с этими элементами. Либо это накапливаются частицы, которые движутся от элемента к элементу, стекая вниз. Так вот, когда элементы какого-либо вещества накапливают частицы, непосредственно встречая их поток, испытывая соударение с ними, тогда они накапливают гораздо больше частиц (в том числе и видимых фотонов), чем когда они накапливают частицы, движущиеся от элемента к элементу. Именно поэтому, когда вещества находятся под прямыми лучами Солнца (в жарком климате и в жаркое время года), они накапливают на своей поверхности избыточное количество свободных частиц, а значит и видимых фотонов всех цветов. В итоге, происходит осветление цветовой окраски, присущей данному веществу. Механизм осветления окраски подробно описан в статье «Светлые и темные тона (при изменении интенсивности падающего света)».

Аналогично действуют отбеливатели. Самые употребляемые среди них – это хлорсодержащие соединения и перекись водорода. В составе **хлорсодержащих отбеливателей** активный компонент – это **хлор**. В составе **перекиси водорода** элементом, отвечающим за отбеливание, является **кислород**. В составе перекиси, как известно, повышенное содержание кислорода по сравнению с водой. Элементы и хлора, и кислорода представляют из себя очень активные окислители. Тот факт, что они располагаются в верхних периодах, указывает нам на то, что они имеют в составе их ядер меньше частиц с Полями Притяжения, нежели у элементов более нижележащих периодов. А то, что и кислород, и хлор при нормальных условиях находятся в газообразном состоянии, указывает на то, что в их составе много частиц с Полями Отталкивания. Характерной чертой обоих данных типов элементов является наличие у них в составе поверхностных слоев значительного числа частиц двух цветов – синих и красных. Как мы уже узнали, не только видимые фотоны могут принадлежать к одному из трех основных цветов. Частицы любого уровня любого Плана имеют в своем составе частицы трех основных цветов (синего, желтого и красного). Так что частицы красного и синего цветов в составе поверхностных слоев элементов – это в первую очередь ИК и радио фотоны. Именно частицы синего цвета отвечают за существование у элементов на поверхности зон, где вовне проявляется Поле Притяжения, причем достаточное по величине, чтобы там накапливалось достаточно свободных частиц. У элементов хлора суммарный процент таких зон больше, нежели чем у кислорода. Именно поэтому любой элемент хлора всегда накапливает больше свободных частиц, нежели любой элемент кислорода. Из-за того, что величина Полей Притяжения и у кислорода, и у хлора несравнимо больше, чем у любого элемента-металла, отдают они накопленные частицы элементам с более выраженными металлическими свойствами, очень хорошо. Именно в этом и состоит их *«окислительная способность»*. Элементы хлора всегда более сильные окислители, нежели элементы кислорода. Среди накапливаемых свободных частиц много оптических фотонов всех цветов. Когда кислород или хлор в составе отбеливателей контактирует с элементами отбеливаемых веществ, они передают им свои накопленные частицы. В итоге, на поверхности элементов в составе отбеливаемых веществ оказывается избыточное количество видимых фотонов. Это ведет к осветлению тона цветовой окраски вещества. Механизм осветления абсолютно такой же, как и в случае действия солнечного света.

13. СЕРЫЙ ЦВЕТ – ПРИЧИНА ЕГО СУЩЕСТВОВАНИЯ

Как известно из опыта, при малой интенсивности падающего «света» (в сумерках) все окрашенные вещества приобретают темно-серый цвет. Это обусловлено очень малым содержанием в испускаемо-отражаемых «световых лучах» видимых фотонов вообще. Хотя какое-то их количество все же содержится, что и объясняет наличие у веществ хотя бы серого цвета. И помимо этого, серые цвета в сумерках не совсем серые. Веществам присущ едва различимый оттенок того цвета, который хорошо проявляется при большей освещенности. Степень различимости цвета обусловлена интенсивностью падающего «света».

Но помимо серого цвета, возникающего в сумерках, серый цвет существует самостоятельно – т.е. проявляется независимо от уровня освещенности.

Итак, химический элемент будет окрашен в серый цвет: 1) во-первых, если у него на периферии изначально не присутствуют участки с «оголенными» видимыми фотонами какого-то определенного цвета, что не позволяет создать какое-либо цветовое ощущение (заметьте, то же самое происходит и в случае возникновения как белого, так и черного цвета); 2) во-вторых, во-внешнем проявлении качества таких элементов присутствует очень мало зон с Полями Притяжения и величина этих Полей недостаточна, что является причиной слабого накопления элементарных частиц (в том числе и видимых фотонов). Поэтому в испускаемо-отражаемых «световых лучах» таких элементов нет преобладания видимых фотонов какого-либо качества, способных создать зрительное ощущение какого-либо цвета. А, кроме того, в испускаемо-отражаемом луче очень мало накопленных свободных видимых фотонов.

Можно считать, что ***серый цвет*** – это светлый тон черного цвета. Т.е. нулевая окрашенность вкупе с испусканием небольшого количества накапливаемых видимых фотонов.

14. БЛЕСК

Причинами блеска веществ, как и в случае окрашенности веществ, являются:

1) качественно-количественный состав химических элементов вещества;

2) качество частиц, бомбардирующих элементы;

Блеск представляет собой оптическое свойство:

1) либо изначально присущее химическим элементам вещества – т.е. появившееся вместе с появлением данных элементов;

2) либо приобретенное под действием трения, совершаемого другим веществом (или о другое вещество), обладающим прочными химическими связями.

Давайте последовательно рассмотрим оба случая существования у химических элементов блеска. Вначале - изначально присущего, затем – приобретенного.

Блеск изначально присущ элементам, проявляющим металлические свойства. Металлические свойства химических элементов обусловлены проявлением вовне суммарного Поля Притяжения, а не Поля Отталкивания. И чем больше его величина – Поля Притяжения, тем сильнее выражены металлические свойства элемента. Чем больше частиц с Полем Притяжения в составе химического элемента, тем больше его суммарное Поле Притяжения. Однако это еще не означает, что данный элемент будет обладать проявляющимся вовне Полем Притяжения. Ведь если, например, в его периферических слоях будут преобладать частицы с Полями Отталкивания, то они, таким образом, станут экранировать Поле Притяжения ядра элемента. И в результате, вовне такого элемента может проявляться не Поле Притяжения, а Поле Отталкивания.

Элементы-металлы в отличие от элементов-неметаллов продолжают достраивать свое «тело» постоянно, при любой предоставляющейся возможности. Благодаря существующим у элементов-металлов Полям Притяжения свободные элементарные частицы любого качества, попадающие в зону действия их Полей, притягиваются к таким элементам. Притягивающиеся свободные элементарные частицы накапливаются в промежутках между элементами и на поверхности металлического тела.

Накопление в составе вещества, состоящего из элементов-металлов, оптических фотонов любого типа как раз и ведет к возникновению характерного *__металлического блеска__*. Механизм его возникновения объясняется так.

Обычно отражают «свет» (и другие элементарные частицы) те поверхности химических элементов вещества, которые не участвуют в образовании химических связей друг с другом. И, конечно, в первую очередь, это химические элементы на поверхности тела, содержащего элементы-металлы. Причем накапливаются не только оптические фотоны, но и элементарные частицы любого качества, которые попадают в зону действия Поля Притяжения данного вещества. Например, инфракрасные или радио фотоны. Причем, лучше всего притягиваются частицы с Полями Притяжения, так как они, в отличие от частиц с Полем Отталкивания, не создают по отношению к химическому элементу Силы Отталкивания.

Однако главную роль в возникновении металлического блеска играют элементарные частицы с Полями Отталкивания.

Элементы металлы, в отличие от элементов-неметаллов, благодаря большой величине проявляемых ими вовне Полей Притяжения, обладают замечательной способностью накапливать не только свободные частицы с Полями Притяжения, но и частицы с Полями Отталкивания. Частицы с Полями Отталкивания, как известно, создают Силу Отталкивания в частицах, с которыми контактируют. Однако именно благодаря большой Силе Притяжения, вызываемой элементами металлами, Сила Отталкивания частиц Ян не заставляет их отдаляться от этих элементов. Так они и удерживаются в их составе.

Здесь следует напомнить, что в составе излучения любого небесного тела (например, Солнца) преобладают частицы с Полями Отталкивания. Причем частиц, принадлежащих радио и инфракрасному диапазонам, оказывается больше всего.

Итак, частицы с Полями Отталкивания, главным образом радио и ИК диапазонов, накапливаясь на поверхности элементов-металлов, создают своего рода «защитный слой» в виде испускаемого частицами эфира (это эфир Полей Отталкивания).

Итак, накопление на поверхности элементов-металлов частиц с Полями Отталкивания приводит к тому, что падающие на элемент частицы мало поглощаются и практически полностью отражаются (отталкиваются). Отражение в неизменном качественном и количественном составе падающих оптических фотонов мы и воспринимаем как ***металлический блеск***.

Причем, обратите внимание. Из-за того, что элементы металлы обладают большими Полям Притяжения, накопленные ими на поверхности свободные частицы, которые и отвечают за повышенную отражательную способность металлов, при соударении с ними падающих на них фотонов, сами не испускаются. Т.е. они остаются в составе химического элемента. Именно поэтому блеск многих металлов имеет зеркальный характер. Это означает, что они не прибавляют к отражаемому световому лучу испускаемый. ***Если*** *же к отражаемому лучу прибавляется испускаемый – т.е. накопленные свободные частицы тоже испускаются в значительном количестве, тогда речь идет уже не о блеске, а о белом цвете химического элемента.* Как известно, типов химических элементов металлов множество. Они отличаются друг от друга величиной своих Полей Притяжения. У тех из них, у которых Поля Притяжения не так уж велики, зеркального блеска не будет. Вместо этого будет тусклый блеск, где-то близкий к белому цвету. И все это из-за того, что эти элементы испускают много собственных накопленных ими свободных частиц.

Отражаться могут не только оптические фотоны. Отражение ИК и радио фотонов происходит даже лучше, так как они поглощают в единицу времени меньше эфира. А, следовательно, и Сила Притяжения, возникающая в них по отношению к элементу, меньше. Известно, к примеру, что металлы отражают преобладающее число падающих на них ИК и радио фотонов. Радио фотоны отражаются металлами в большей степени по сравнению с ИК фотонами. Последнее свойство - отражение радио-фотонов – лежит в основе приема радио и телевизионных передач.

15. ПРИОБРЕТЕННЫЙ БЛЕСК

Приобретенный блеск появляется у твердых тел в процессе их трения друг о друга.

В процессе трения тела сдавливают и перемещают друг относительно друга. Даже идеально ровная поверхность тела в действительности не является таковой. Химические элементы выступают над плоскостью поверхности тела. А сами химические элементы – это сферы, поэтому в составе поверхностных химических элементов более всего выступают частицы периферических слоев. В сдавливаемых и перемещаемых друг относительно друга телах периферические частицы в составе поверхностных выступающих элементов соударяются друг с другом. Или соударяются даже целиком сами выступающие элементы. В любом случае соударяющиеся частицы или элементы заставляют друг друга покидать тела, в состав которых они входят. И как всегда при соударениях, частицы покидают состав элементов, а элементы состав тел либо за счет подчинения Силе Давления, либо за счет трансформации эфиром, испускаемым частицами с Полями Отталкивания в составе инерционно движущихся элементов тел.

Чем больше скорость перемещения трущихся тел, тем больше величина Сил Давления, а также Сил Инерции (что усиливает степень трансформации). Если величина этих Сил оказывается больше величины Сил Притяжения, удерживающих частицы в составе элементов, а элементы в составе тела, то происходит отрыв либо периферических частиц от поверхностных элементов, либо поверхностных элементов от тела. Отрыв поверхностных химических элементов – это частичное разрушение тела. Так обычно происходит выравнивание трущихся поверхностей. Отрыв периферических частиц – это их испускание. Т.е. в процессе трения поверхностные химические элементы трущихся тел испускают 2-ю составляющую тепла – элементарные частицы.

Потеря периферических частиц поверхностными элементами трущихся тел «оголяет» более глубокие слои частиц в этих элементах. А чем глубже внутрь химических элементов, тем больше становится величина Полей Притяжения частиц, находящихся там. В результате, в тех областях химических элементов, где они потеряли часть периферических частиц, величина проявляющегося вовне Поля Притяжения элемента возрастает.

Это в том случае, если соударяющиеся элементы обладают Полями Притяжения. Если же в составе трущихся тел были нейтральные элементы или элементы с Полями Отталкивания, то у них в месте контакта могут появиться Поля Притяжения, что чаще всего и происходит. Это случай частичной трансформации качества химического элемента.

В результате, в тех зонах химических элементов, где их глубинные слои оголились, начинает накапливаться больше свободных частиц, лучше удерживаются частицы с Полями Отталкивания. А в итоге, появляется «эфирный щит» в виде испускаемого частицами эфира. Это усиливает отражательную способность тела в том месте, где производилось трение. И как следствие – появляется блеск.

Трущиеся тела, если только они не обладали металлическим блеском или не были прозрачны, обязательно должны обладать тем или иным цветом. Как уже рассказывалось в пункте, посвященном окрашенности, наличие цвета означает, что на периферии элементов данного тела содержится достаточное количество оптических фотонов, формирующих в совокупности тот или иной цвет, который проявлялся в процессе их испускания в ответ на падение элементарных частиц, движущихся от источников «света».

В процессе трения оптические фотоны поверхностных элементов в той или иной мере «стираются» - т.е. испускаются в ходе соударений. В результате, в тех зонах химических элементов, где они лишаются оптических фотонов, которые формировали цвет элементов, Поля Притяжения элементов возрастают, и происходит процесс накопления свободных частиц (которые имеют 100%-ное солнечное происхождение). Частичная или полная потеря оптических фотонов обуславливает потерю цвета у поверхностных элементов трущихся тел. Но только в местах их соударений. В этих же местах происходит усиление Полей Притяжения элементов (или их появление) и накопление свободных частиц, что приводит к отражению падающего «света» (оптических фотонов). Это и есть — возникновение приобретенного металлического блеска у трущихся тел.

Однако, как мы можем видеть на опыте, трущиеся тела полностью не теряют цвет. Он сохраняется у них наряду с возникновением блеска. Почему так?

Сохранение цвета объясняется тем, что поверхностные химические элементы лишь частично теряют оптические фотоны. Происходит потеря оптических фотонов (и других частиц) только в тех областях химических элементов, которые соударяются. А те области элементов, которые не соударяются, частицы не теряют. Кроме того, оптические фотоны теряют только самые выступающие элементы над плоскостями поверхностей трущихся тел. Отсюда и сохранение цвета, присущего телам.

Как вы понимаете, для того, чтобы у трущихся тел начал формироваться приобретенный блеск, поверхности трущихся тел должны быть ровными. В противном случае предварительно будет происходить разрушение, откалывание частей трущихся тел, до тех пор, пока поверхности не выровняются.

Помимо этого, если величина Сил Отталкивания, возникающих в частицах соударяющихся элементов, будет превышать Силы Притяжения между элементами, сохраняющие связи между ними, может произойти разрушение трущихся тел. Чем больше давление, оказываемое трущимися телами друг на друга, тем в большей степени слои поверхностных элементов проникают друг в друга, и тем больше возрастает число соударений. Тем большее число поверхностных элементов отрывается. Если давление не велико, то число отрывающихся элементов гораздо меньше. Таким образом, именно небольшое давление – т.е. поверхностное трение – ведет не к отрыву элементов, а к отрыву частиц, и возникновению приобретенного блеска.

Чем больше скорость перемещения трущихся тел друг относительно друга, тем больше будет величина Сил Отталкивания, что приведет к тому, что в единицу времени поверхностные элементы трущихся тел будут терять больше частиц. Соответственно, приобретенный блеск возникнет быстрее и будет сильнее.

Если трущиеся тела полностью состоят из элементов-металлов или их число преобладает, то телам уже изначально присущ блеск. В процессе трения к нему прибавляется приобретенный блеск. В итоге общий блеск таких тел усиливается.

Если трущиеся тела были прозрачными (или одно из них), то в процессе трения (шлифовки) они не теряют прозрачность. Но дополнительно к ней приобретают блеск. Данное явление мы можем наблюдать на примере всевозможных видов отшлифованных драгоценных и полудрагоценных камней, или же просто прозрачных пластмасс.

Газам и жидкостям невозможно придать приобретенный блеск. Объясняется это тем, что Силы Притяжения, связывающие отдельные элементы или элементы разных молекул, малы по сравнению с Силами Отталкивания, возникающими при трении. В результате, форма тел в жидком или газообразном состоянии под давлением легко деформируется – т.е. элементы перемещаются под действием соударений друг о друга. Это не способствует возникновению «оголения» глубоких слоев в составе поверхностных элементов. В итоге, приобретенный блеск возникнуть не может.

16. МЕХАНИЗМ ДЕЙСТВИЯ ЛИНЗ. ПРИЧИНА АККОМОДАЦИИ. БЛИЗОРУКОСТЬ И ДАЛЬНОЗОРКОСТЬ

1) *Механизм действия линз.*

Давайте займемся объяснением функционирования прибора, занимающего достаточно важное место в жизни многих людей. Как известно, очки корректируют процесс зрительного восприятия у людей с ослабленным зрением. В очках используются различные виды линз. Именно они – линзы – и являются прибором, изменяющим траекторию движения световых лучей – т.е. преломляющим их.

Не хочется сильно забегать вперед, однако следует напомнить, что в Главе, посвященной механике элементарных частиц, мы уделили большое внимание причинам и механизму изменения траектории движущихся частиц. И основными причинами изменения траектории, если вы помните, были названы Поля Притяжения и Отталкивания. Так что в этой статье мы лишь постараемся конкретным образом применить уже раскрытые нами процессы.

Помимо очков существует еще много других типов оптических приборов, где человек нашел применение линзам – лупа, бинокль, телескоп, микроскоп. Это самые основные.

Наши глаза – это тоже разновидность оптических приборов. И как подобает таким устройствам, они имеют в своем составе линзы –

хрусталики. Внутри глаза, а точнее, внутри ресничного тела, находятся мышцы, которые управляют формой хрусталика – увеличивают или уменьшают его кривизну. Эти мышцы носят название – аккомодационные, поскольку изменение формы хрусталика – это акт аккомодации (приспособления). Эти мышцы связаны с хрусталиком при помощи цинновых связок. Когда мышца расслаблена, возрастает расстояние между ней и хрусталиком, и связки натягиваются – кривизна хрусталика уменьшается. Т.е. хрусталик (линза) становится более вытянутым, более плоским. Мышцы расслабляются - уменьшается ее расстояние до хрусталика, и как следствие – ослабевает натяжение цинновых связок. В итоге, кривизна хрусталика возрастает, так как расслабленные связки его не растягивают.

Обычные линзы, изготавливаемые из стекла, можно сделать любой формы – и выпуклыми (собирающими) и вогнутыми (рассеивающими). Собирающие линзы преобразуют параллельный пучок световых лучей в сходящийся. Рассеивающие, наоборот, превращают параллельный пучок в расходящийся. Хрусталик – это пример собирающей линзы. Степень выпуклости или вогнутости может быть любой, в том числе и очень небольшой, стремящейся к нулю. Но при этом она все же будет существовать.

В оптических приборах используются линзы всевозможных типов – выпуклые, вогнутые, выпукло-вогнутые, двояковыпуклые и двояковогнутые. При этом величина кривизны обеих поверхностей линзы может быть любой – все зависит от конкретных задач, которых стремятся достичь при помощи данного устройства.

Для чего же нужна разная кривизна – и хрусталика, и стеклянных линз? И как это сказывается на особенностях получаемого «на выходе» из линзы изображения (т.е. прошедшего через нее)?

Для ответа на эти и другие вопросы нам понадобится вспомнить опыты И.Ньютона со стеклянными призмами, при помощи которых он разлагал белый свет в спектр. Для чего нам это надо?

Все дело в том, что при прохождении света (фотонов видимого диапазона) через линзу, с ними происходит то же, что и при прохождении их через призму. Фотоны (как любые другие энергетические единицы Вселенной) отклоняются под действием суммарного Поля Притяжения вещества линзы. Та же, как они отклонялись в опытах И. Ньютона под действием суммарного Поля Притяжения вещества призмы.

Соответственно нетрудно сделать вывод о том, что суммарное Поле Притяжения со стороны тех частей линзы (или призмы), где толщина вещества больше, будет тоже больше. В этом и заключается весь «трюк». В основании призмы вещества (стекла) больше. Поэтому в опыте И. Ньютона именно в направлении основания призмы смещаются (преломляются) фотоны, а не к вершине. Тот же самый процесс мы можем наблюдать и в линзе – где вещества больше – туда и отклоняются (преломляются) световые лучи.

Если линза выпуклая, то вдоль ее оси (к центру) вещества будет больше, чем по краям.

Утолщение вдоль оси линзы может быть ничтожным. Однако даже если это так, оно все равно есть. И притяжение со стороны центральной части линзы будет хоть не намного, но больше, чем со стороны краев.

Если линза вогнутая, то по краям толщина вещества будет больше, чем в области оси линзы.

И в этом случае притяжение со стороны вещества краев больше, нежели притяжение центральной области линзы.

Именно поэтому выпуклая (собирающая) линза отклоняет фотоны (и любые другие частицы) ближе к центру своей оси. А вогнутая (рассеивающая) – ближе к краям. А потому изображение, «прошедшее» через выпуклую линзу, уменьшается в размере. И лучи после такой линзы сходятся в одной точке раньше, чем, если бы они не прошли через нее.

Изображение, «прошедшее» через вогнутую линзу, напротив, расширяется, увеличивается, так как фотоны световых лучей притягиваются краями и отклоняются в их направлении.

--- ---

2) *Причина аккомодации. Близорукость и дальнозоркость.*

А теперь обратимся к причинам аккомодации и вопросу коррекции близорукости и дальнозоркости. Начнем со второго пункта.

Обратите внимание, в этой части статьи мы приведем вначале известные факты, касающиеся объяснения причин указанных нарушений зрения. Поэтому тем, кому эти факты известны, может стать скучно. Не торопитесь. После этого обещаем вам интересные выводы по этому вопросу.

И близорукость, и дальнозоркость – это заболевания глаз, вызванные изменениями в аккомодационной мышце, контролирующей величину кривизны хрусталика. Как уже говорилось, эта мышца расположена в толще цилиарного тела. От мышцы к хрусталику ведут связки. Когда мышца расслаблена, она дальше от хрусталика и связки натянуты. А значит, хрусталик уплощен (его кривизна меньше). Напротив, когда мышца сокращается, она сжимается и приближается к хрусталику. Соответственно, натяжение связок уменьшается и хрусталик округляется (т.е. его кривизна увеличивается).

Так вот, близорукость – это усиление функциональной активности аккомодационной мышцы, обусловленное условиями работы (жизни) и наследственностью. Напряжение глаза, связанное с попытками разглядеть что-либо на близком расстоянии, усиливает близорукость. При близорукости мышца привыкает находиться в напряженном, сокращенном состоянии. Близоруких людей условия труда не стимулируют часто обращать свой взор вдаль, они постоянно что-то разглядывают вблизи. Такие люди либо много читают, либо заняты мелкой «ювелирной» работой.

Когда хрусталик не растянут, в центральной части этой линзы увеличивается толщина вещества. Поэтому возрастает суммарное Поле Притяжения со стороны этой области. И фотоны притягиваются и отклоняются к центральной части хрусталика в большей мере, чем при меньшей кривизне хрусталика.

При дальнозоркости человек, напротив, лучше видит вдали, чем вблизи. Дальнозоркость развивается, когда ослаблена функциональная активность аккомодационной мышцы. Она плохо сокращается, и из-за этого связки растягивают хрусталик даже тогда, когда не должны этого делать.

Когда хрусталик растягивается, в центральной части этой линзы уменьшается толщина вещества. А значит, уменьшается суммарное Поле Притяжения со стороны этой области. И фотоны притягиваются и отклоняются к центральной части хрусталика меньше, нежели когда кривизна хрусталика была больше.

Дальнозоркость – это распространенная патология зрения у людей пожилого возраста. И обусловлена она общим ослаблением в старческом организме функциональной активности всех групп мышц.

А теперь обещанное в начале этой части статьи интересное наблюдение.

Давайте задумаемся над следующим вопросом. Зачем хрусталику вообще нужно делать различие между световыми лучами, приходящими с разного расстояния? Для чего хрусталику нужно постоянно перенастраиваться в зависимости от того, смотрит ли человек (или животное) вдаль, либо рассматривает тела вблизи. Ведь, казалось бы, что световые лучи всюду одинаковы. По крайней мере, так утверждает современная наука. Скорость света рассматривается как величина постоянная. А потому скорость световых лучей, приходящих в глаз как издалека, так и с близкого расстояния, в соответствии с утверждениями ученых современности, будет одна и та же. Да и цветовой состав волн один и тот же.

Тогда для чего же нужна аккомодация? Почему хрусталик при неизменной форме не может одинаково хорошо встречать и доводить до сетчатки как лучи издалека, так и ближние лучи? Для чего нужна эта постоянная перенастройка?

Наука аккуратно замалчивает это вопрос. При этом считается, что явление аккомодации детально раскрыто. В данном случае, в который раз можно убедиться в том, что наука зачастую ограничивается констатацией и описанием следствий, оставляя причины явлений нетронутыми.

Человеческий организм – это умный механизм, который постоянно занят подстраиванием себя под окружающие условия. И настройка хрусталика – один из таких примеров.

Приступим к объяснению причины аккомодации. И эта причина достаточно проста.

Световые лучи вовсе не одинаковы по скорости, как это принято считать. Скорость света – это величина не постоянная. Конечно, разница в скорости световых лучей может быть столь незначительной, что ею пренебрегают при измерениях. Но не пренебрегает организм. Он улавливает малейшую разницу в скорости световых лучей и соответствующим образом перенастраивает хрусталик.

Если вы помните, когда мы говорили об инерционном движении элементарных частиц, то выяснили, что частицы Инь движутся равнозамедленно, а частицы Ян равноускоренно. Однако если в составе светового луча есть частицы обоих типов, будет происходить перераспределение энергии. В результате чего Инь ускоряются, а Ян замедляются. И все частицы в потоке движутся с некоей единой суммарной скоростью.

Кроме того, фотоны света, о которых мы ведем речь – это частицы верхних уровней Физического Плана. Эти уровни – это так называемые эфирные подпланы Физического Плана. Среди частиц Физического Плана больше процент частиц Инь. Лучше всего испускаются и отражаются химическими элементами частицы Ян. В составе Физического Плана Ян – это частицы красного цвета. Однако такие частицы составляют только 1/3 от всех частиц. Остальные – Инь. В итоге, в составе любого светового луча больше всего частиц желтого цвета. Они обладают Полем Притяжения. Но все же его величина гораздо меньше, чем у частиц синего цвета. А потому желтые испускаются или отражаются (при нагреве или соударении) гораздо лучше синих. Это было сказано для того, чтобы было понятно, что световые лучи Физического Плана обязательно замедляются с течением времени.

Отсюда можно сделать простой вывод. ***Скорость лучей, испущенных раньше, меньше скорости лучей, испущенных позднее.*** Конечно, при условии, что химический состав и температура тел, испускающих и отражающих свет, всюду примерно одинаковы. Можно это правило сформулировать чуть иначе. ***Скорость лучей, прошедших большее расстояние, меньше скорости лучей, прошедших меньший путь.***

А из этого вывода следует, что ***световые лучи, поступающие в глаз с ближнего расстояния, характеризуются большей скоростью, чем более дальние световые лучи.***

Но это еще не окончание объяснения. Какое отношение имеет скорость световых лучей к кривизне хрусталика?

Начнем с того, что в сетчатке глаза человека и животных есть два типа фоторецепторов – колбочки палочки. Колбочки, в отличие от палочек, осуществляют более детальный анализ изображения – можно сказать, они отвечают за резкость, четкость восприятия всех деталей. Палочки, скорее, воспринимают общий образ, силуэт, без различения отдельных мелких деталей.

У большинства дневных животных и у человека колбочки расположены в центральной части сетчатки. Центральная ямка желтого пятна состоит только из колбочек. В то же время на периферии сетчатки палочки численно преобладают над колбочками.

Это первое.

Второе. Во 2-ой главе, посвященной Механике элементарных частиц, мы много внимания уделили особенностям действия на элементарные частицы различных Сил, в том числе и одновременному воздействию разных типов Сил. Когда фотон света, двигаясь по инерции, входит в хрусталик, его траектория преломляется в направлении центральной части этой глазной линзы, так как хрусталик – это двояковыпуклая линза, и в его центральной части вещества больше (а значит, больше и суммарное Поле Притяжения). Чем больше кривизна, тем больше толщина линзы (т.е. тем больше вещества вдоль оси), и тем на больший угол отклонятся световые лучи.

Если вы помните, инерционное движение фотонов происходит по той причине, что в каждом фотоне возникает Сила Инерции. Эта Сила Инерции –

это эфир, испускаемый задним полушарием, и заставляющий частицу двигаться вперед. Сила Инерции конкурирует в фотоне с Силой Притяжения со стороны вещества хрусталика. В соответствии с Правилом Параллелограмма. В итоге фотон изменяет направление движения. И его новая траектория будет совпадать с направлением вектора результирующей Силы. Чем больше Сила Инерции, тем больше скорость частицы. Это означает, что в более быстрых световых лучах Сила Инерции больше. И, соответственно, чем больше Сила Инерции, тем больше должна быть Сила Притяжения, для того, чтобы «уравновешивать» Силу Инерции. А как это сделать и для чего это нужно?

Сделать это просто – увеличивая кривизну хрусталика. Чем больше кривизна, тем больше Сила Притяжения. Это позволяет отклонять на необходимый угол световые лучи с большей скоростью. Напротив малая кривизна подходит для более медленных лучей, у которых величина Силы Инерции меньше.

Но для чего это делается? Почему угол преломления лучей должен быть постоянным? Причина этого была названа, когда мы рассказывали о колбочках и палочках. Больше всего колбочек в центральной части глаза. А ведь именно колбочки отвечают за детально четкое рассмотрение тел.

Именно поэтому нормальный организм всегда стремится поддерживать один и тот же угол преломления световых лучей путем изменения формы хрусталика. Такова причина существования аккомодации.

А теперь мы выясним, что же происходит со световыми лучами в близоруком и дальнозорком хрусталике.

Близорукий хрусталик из-за недостаточной сократительной активности аккомодационной мышцы слабо реагирует на стремление организма рассмотреть что-либо вдали. При близорукости кривизна хрусталика оказывается слишком большой для того, чтобы «соответствовать» фотонам, прошедшим большее расстояние, и чья Сила Инерции ослаблена в большей мере. Большая Сила Притяжения близорукого хрусталика (с большей кривизной) рассчитана на большую Силу Инерции фотонов с близкого расстояния. А фотоны с малой Силой Инерции под действием такой большой Силы Притяжения преломляются на больший угол, чем это необходимо для того, чтобы попасть на желтое пятно.

В результате фотоны, проходящие через хрусталик ближе к периферии, преломляясь, попадают на периферию сетчатки, где преобладают палочки. В итоге, больше, чем нужно, фотонов, проходящих через хрусталик (за исключением тех, чья траектория движения совпадает с осью линзы), преломляясь, попадает на периферию сетчатки, где преобладают палочки, а не в области ближе к центру (где колбочки). Именно из-за этого резкость воспринимаемого изображения уменьшается. Из-за этого тела вдали близорукие люди видят нечетко. Однако, снимая напряжение с глаз, отдыхая и рассматривая тела вдали, у них есть возможность улучшить свое зрение.

При дальнозоркости все обстоит с точностью наоборот.

Слабость аккомодационной мышцы ведет к чрезмерному уплощению хрусталика. При дальнозоркости хрусталик недостаточно хорошо реагирует на стремление организма разглядеть что-либо вблизи. Аккомодационная мышца должна сократиться с тем, чтобы расслабить цинновы связки и увеличить тем самым кривизну хрусталика. Этого не происходит, и хрусталик остается уплощенным. В итоге, фотоны, приходящие в глаз с близкого расстояния, и потому обладающие большей силой Инерции, преломляются на угол меньше того, что необходим. А поэтому тоже оказываются ближе к периферии сетчатки, а не к ее центру. Слово «тоже» использовано потому, что при близорукости фотоны также оказываются ближе к периферии. Малая Сила Притяжения дальнозоркого хрусталика рассчитана на фотоны, пришедшие издали и потому обладающие меньшей Силой Инерции.

А когда фотоны приходят с близкого расстояния, их Сила Инерции велика (скорость велика), и поэтому вектор равнодействующей Силы Притяжения и Силы Инерции оказывается больше смещен в параллелограмме к вектору Силы Инерции. Так что, как видите, и в случае близорукости фотоны оказываются ближе к периферии сетчатки (насколько ближе – зависит от тяжести миопии), и при дальнозоркости. С той лишь разницей, что при близорукости, после преломления, они попадают на сторону сетчатки, противоположную стороне хрусталика, через которую они прошли. В то время как при дальнозоркости фотоны оказываются на той же стороне сетчатке, что и сторона хрусталика, через которую они попадают на сетчатку. Но это относится только к тем фотонам, которые не "соответствуют" кривизне хрусталика. При близорукости такими "несоответствующими" фотонами будут дальние фотоны, а при дальнозоркости - ближние. "Подходящие" фотоны - ближние при близорукости и дальние при дальнозоркости - будут преломляться на нужный угол, и попадать в центральную область сетчатки.

17. ПОЧЕМУ НЕБО СИНЕЕ? ЦВЕТ ВЕНОЗНОЙ КРОВИ

«Синеву» неба в учебниках физики объясняют рэлеевским рассеянием световых лучей — т.е. возрастанием рассеяния к синей части спектра и уменьшением — к красной.

Вот что пишет о рассеянии света Пасачофф Дж. М. в своей книге "Занимательная астрономия. Все тайны нашей звезды - Солнца":

«Когда свет «отскакивает» от крошечных частиц, мы говорим, что он рассеивается. При этом меняется направление его распространения, иногда прямо на противоположное. Чем меньше длина волны, тем больше свет рассеивается. Так что голубой свет рассеивается сильнее, чем красный. ...Если размер рассеивающих частиц значительно больше длины волны, то рэлеевского рассеяния уже не будет. Большие частицы одинаково рассеивают все длины волн. Так что небо голубое из-за рассеяния на маленьких частицах, а облака белые из-за рассеяния на больших молекулах, из которых эти облака и состоят.

…когда свет проходит через воздух, он подвергается рэлеевскому рассеянию. Проходя большую толщу воздуха, синий свет так сильно рассеивается, что не доходит до вас, и остается виден только красный свет».

Мы уже разбирали, что представляет собой рассеяние потоков элементарных частиц. Рассеяние – это то же самое, что и преломление – т.е. отклонение траектории движения элементарных частиц под действием Полей Притяжения химических элементов. Действительно, к **_фиолетовой части спектра_** (а не к синей) рассеяние частиц возрастает, а красной — уменьшается. Но если согласиться с учеными и счесть причиной синевы неба большее рассеяние синих лучей света, тогда логично было бы предположить, что атмосфера должна быть окрашена не в синий, а в фиолетовый цвет, так как рассеяние фиолетовых лучей еще больше, чем синих.

Почему бы нам не отказаться от данной точки зрения и просто не предположить, что синий цвет атмосферы обусловлен присутствием в ее составе какого-то вещества, обладающего этим цветом. Давайте обратимся к качественно-количественному составу воздуха.

«Воздух, смесь газов, из которых состоит атмосфера Земли: азот (78,08%), кислород (20,95%), инертные газы (0,94%), углекислый газ (0,03)…жидкий воздух – голубоватая жидкость» (СЭС главн. ред. А.М. Прохоров, статья «Воздух»).

Азот, кислород, инертные газы и углекислый газ – оптически прозрачные вещества, не имеющие цвета. Но при этом жидкий воздух – голубоватая жидкость, т.е. имеет тот же цвет, что и небо над нами. Кроме того, жидкий кислород – это светло-голубоватая жидкость. Нет ли тут связи?

Связь есть. Очевидно, что синеву атмосфере придает *озон*.

Вообще, химикам известны две основные разновидности кислорода – обычный, который нас обычно окружает и который мы вдыхаем, и озон, который входит в состав озонового щита и образуется при грозах.

В чем же между ними разница?

Кислород – очень активный окислитель. У элемента кислорода легкое ядро. Помимо этого, характерная особенность элементов кислорода, объединяющая его с другими элементами 6-ой группы периодической системы – это присутствие в его поверхностных слоях большого процента ИК и радио фотонов красного цвета (обладающих, как известно, Полями Отталкивания), а также видимых фотонов синего цвета (обладающих Поля Притяжения). Легкое ядро, а также большое содержание в поверхностных слоях частиц с Полями Отталкивания является причиной того, что кислород при н.у. газ – т.е. проявляет в целом вовне суммарное Поле Отталкивания. Однако видимые фотоны синего цвета (с Полями Притяжения) являются причиной существования на его поверхности зон, где элемент проявляет вовне Поле Притяжения. Именно в этих зонах происходит накопление элементом свободных элементарных частиц (главным образом, солнечного происхождения). А вот в тех участках, где располагаются частицы с Полями Отталкивания, свободные частицы не накапливаются.

Озон — это кислород, потерявший с периферии частично или полностью, накопленные им свободные частицы. В узком смысле слова, озоном является только свободный кислород, потерявший свободные частицы. А в широком смысле, в состоянии озона находится любой элемент кислорода, потерявший с периферии свободные частицы. Именно в таком «озоновом» состоянии находится кислород в составе химических соединений. Это означает, что и в составе воды, и в составе углекислого газа кислород находится в озоновом состоянии.

В химическом отношении озон более активен по сравнению с обычным кислородом – т.е. легче вступает в химические соединения. Эта особенность как раз и объясняется потерей с периферии накопленных свободных частиц. Накопление частиц увеличивало расстояние до центра химического элемента, что уменьшало Силу Притяжения к центру этого элемента. А также сам этот элемент с меньшей Силой притягивался другими элементами. Освобождение от накопленных свободных частиц вело к тому, что стремление этого элемента соединиться с другими элементами возрастало. По этой причине кислород, находящийся в озоновом состоянии, лучше притягивается другими элементами и образует с ними связи.

Присутствие свободных частиц у обычного кислорода и отсутствие этих частиц у озона лежит в основе различий в их окраске. Обычный кислород бесцветный, а озон – синий или голубой (голубой – это светлый оттенок синего, а не самостоятельный цвет). Бесцветность обычного кислорода объясняется именно преобладанием в составе его периферических слоев

ИК и радио фотонов красного цвета. Их испускание в ответ на падение солнечного света не вызывает у нас никакого цветового ощущения. Именно поэтому, обычный кислород, у которого периферические слои закрыты накопленными частицами, бесцветен. А вот у кислорода в озоновом состоянии периферические слои открыты. Поэтому при падении элементарных частиц на элементы озона, происходит выбивание видимых фотонов, изначально присущих кислороду. А у тех элементов кислорода, что преобладают в составе Земли, в составе периферических больше всего видимых фотонов чисто синего цвета (т.е. не тех что в составе зеленого или фиолетового). Эти видимые фотоны среди видимых фотонов синего цвета имею средние по величине Поля Притяжения. Отсюда и синий цвет кислорода в озоновом состоянии.

А теперь еще ряд научных фактов в пользу того что причиной синей окраски неба является озон.

«Присутствующие в земной атмосфере пары воды, углекислый газ, озон и некоторые другие химические соединения интенсивно поглощают инфракрасное излучение» («Физика космоса», гл. редактор С. Б. Пикельнер, статья «Инфракрасное излучение»).

Инфракрасное излучение – это элементарные частицы более высоких уровней Физического Плана по сравнению с оптическими фотонами. Т.е. Поля Притяжения этих частиц имеют меньшую величину, а Поля Отталкивания большую по сравнению с таковыми у видимых фотонов. Концентрация углекислого газа в воздухе слишком мала, чтобы его холодный кислород мог окрасить воздух в синий цвет. Однако синеву воды на глубине и дождевых облаков мы можем наблюдать благодаря большой концентрации молекул воды. Помимо этого, в воде дополнительно растворяется кислород воздуха. Чем больше кислорода растворено в воде, тем более синий цвет она имеет. Многие согласятся с тем, что в холодную погоду, а также в холодном климате вода окрашена в более яркий синий цвет. Связано это с тем, что, чем ниже температура атмосферы, тем больше концентрация кислорода вблизи поверхности Земли (и воды), а также тем проще он соединяется с водородом воды из-за более сильных гравитационных полей обоих элементов – кислорода воздуха и водорода воды – в связи с их низкой температурой.

Дождевые облака синеют опять-таки из-за того, что образующие их элементы воды (кислород и водород) потеряли много накопленных свободных частиц, из-за чего оголяются их периферические частицы с Полями Притяжения, в результате чего Центростремительные Поля Притяжения элементов начинают в большей степени проявляться вовне. В итоге - связи между молекулами воды становятся прочнее, капли укрупняются. Тучи готовы пролиться дождем. Здесь же следует заметить, что охлажденные химические элементы поверхности планеты и окружающего воздуха отнимают накопленные частицы у элементов кислорода и водорода воды. Именно поэтому дождь начинает литься тогда, когда температура воздуха и поверхности понижается.

«Озоновый щит» - это не что иное, как холодный кислород в воздухе в стратосфере и нижних слоях мезосферы, на высотах 15-50 км. Больше всего холодного кислорода (озона) на высоте 15 км. Связано это с тем, что температура воздуха на этой высоте от -

45 до -75 градусов Цельсия. Поэтому кислород там и существует в холодном состоянии – в виде озона.

Цвет озонового щита – это и есть цвет неба. В жаркую погоду и в жарком климате небо, что называется "выше". Объясняется это тем, что чем выше температура атмосферы, тем выше концентрация кислорода в верхних слоях атмосферы, и меньше – у поверхности Земли. Происходит своего рода усиление «озонового щита» - в нем становится больше кислорода, который поднимается от поверхности вверх. Поэтому с зимы до лета в Северном полушарии происходит постепенный ***подъем неба***. Т.е. зрительно воспринимаемая нами "синева" словно отдаляется (что соответствует реальности). Здесь же можно объяснить, почему в холодную погоду и в холодном климате ***небо опускается***. От лета до зимы кислород постепенно приближается к поверхности. "Синева" словно спускается к поверхности, и мы можем наблюдать в ясную погоду своего рода синеву окружающего воздуха. Концентрация кислорода у поверхности Земли растет, а на высоте «озонового щита» падает.

Именно озоновый «щит» и пары воды, рассеянные в атмосфере, придают Земле, видимой из космоса, синий цвет.

Есть еще одно место, где мы можем увидеть синий цвет холодного кислорода. Это кровь животных и людей. А точнее, венозная кровь.

Потеря с периферии частиц с Полями Отталкивания означает, что химический элемент лишается части своих «поставщиков эфира». Ведь именно благодаря преобладанию в своем составе частиц с Полями Отталкивания обычный кислород и имеет проявляющееся вовне суммарное Поле Отталкивания. Таким образом, озон обладает слабым Полем Притяжения. Как известно, элементы с Полями Притяжения обладают способностью рассеивать элементарные частицы. Т.е. они отклоняют в своем направлении движущиеся элементарные частицы, поддерживая, тем самым, их инерционное движение и ускоряя. В результате, солнечные элементарные частицы, двигаясь в среде элементов озона, врезаются в эти элементы чаще и на большей скорости, по сравнению со средой из обычных элементов кислорода. Это факт, а также то, что периферия элементов озона лишена части частиц с Полями Отталкивания и синие видимые фотоны поэтому больше оголены, приводит к тому, что большее число синих видимых фотонов испускается в ответ на падение на них солнечных элементарных частиц по сравнению с обычным кислородом. Отсюда и синий цвет озона, а также синеватый цвет соединений, где кислород находится в озоновом состоянии. В составе углекислоты озоновое состояние кислорода выражено слабее по сравнению с водой, потому что углерод проявляет менее сильные металлические свойства по сравнению с водородом и поэтому в процессе образования соединения с кислородом отнимает у него меньше частиц с периферии.

18. ЯРКОСТЬ

Давайте поговорим о такой характеристике световых лучей, как их «яркость».

Вначале приведем определение яркости, используемое в современной оптике.

Яркость — это поток, посылаемый в данном направлении единицей видимой поверхности в единичном телесном угле. Отношение силы света, излучаемого поверхностью, к площади её проекции на плоскость, перпендикулярную оси наблюдения. Или — характеристика светящихся тел, равная отношению силы света в каком-либо направлении к площади проекции светящейся поверхности на плоскость, перпендикулярную этому направлению.

А теперь взглянем на яркость с эзотерической точки зрения. Заглянем в уже не раз упоминавшийся отрывок из «***Дао-Дэ-Цзин***»: «***Скудеет Инь, ярится Ян, в их сочетании полнота***». Обратите внимание на выражение – «***ярится Ян***». Как уже говорилось в статье «Строение и качество элементарных частиц. Инь и Ян», частицы Ян – это частицы, формирующие в окружающем эфире Поле Отталкивания. Я не знаю, какое китайское слово в трактате «Дао-Дэ-Цзин» В. Перелешин перевел как «ярится» (говоря о Ян), однако он подобрал очень точный эквивалент в русском языке, который позволяет верно оценить особенности воздействия частиц Ян на окружающие их другие частицы. Слово «ярится» можно рассматривать в качестве однокоренного к таким словам как «***яркость***», «***ярость***», «***яркий***», «***ярый***». Как известно, яростным мы называем возбужденного, агрессивного человека (или животное). Про энергичного, импульсивного человека мы можем сказать, что он яркий. Возбуждение организма обусловлено повышенным содержанием эфира, обеспечиваемого учащенными дыханием и сердцебиением. Эфир испускают свободные частицы с Полями Отталкивания, передаваемые ему кислородом.

Таким образом, «ярость», «яркость» - это избыточность эфира. А избыточность эфира всегда создается частицами с Полями Отталкивания, так как именно они испускают эфир.

Вот и выходит, что яркими для нас всегда будут те частицы, которые испускают эфир.

Как мы уже говорили в статье, посвященной «Инерционному движению элементарных частиц», *любая частица находящаяся в состоянии инерционного движения, обладает Полем Отталкивания (т.е. испускает эфир), и значит, обладает яркостью*. *Чем больше величина Поля Отталкивания частицы, тем больше величина ее яркости*.

Эфир, испускаемый движущейся частицей, трансформирует частицы в составе химического элемента в момент соударения. И чем больше Поле Отталкивания частицы, тем в большей степени она трансформирует частицы элементов, с которыми соударяется – т.е. тем в большей мере их нагревает.

Скорость инерционного движения частиц соответствует скорости испускания ими эфира – т.е. величине Поля Отталкивания частицы. Чем с большей скоростью инерционно движется частица, тем она ярче. Именно поэтому, если рассматривать спектр, то самыми яркими будут фотоны чисто красного цвета, так как скорость их инерционного движения наибольшая (т.е. наибольшим является их Поле Отталкивания).

От красной части спектра к фиолетовой постоянно уменьшается яркость видимых фотонов.

Однако следует также учитывать тот факт, что соударяющиеся с элементами частицы, накапливаются на их поверхности – т.е. поглощаются элементами вещества, на которое они падают.

После того как частица останавливается, у нее исчезает Поле Отталкивания. Конечно, это происходит только в том случае, если эта частица вне трансформации имела Поле Притяжения. Это означает, что и желтые, и синие частицы (в том числе и желтые, и синие видимые фотоны) после остановки перестают испускать эфир. А значит – теряют яркость.

А вот красные частицы продолжают испускать эфир. Просто их Поле Отталкивания возвращается к первоначальному значению. Следовательно, раз они продолжают испускать эфир, их яркость не пропадает.

Именно поэтому фиолетовый цвет создает в нашем восприятии особое зрительное ощущение. Он и холодный, и теплый одновременно. И яркий, и не яркий. Именно красные ультрафиолетовые фотоны, которые наряду с синими тяжелыми создают фиолетовый цвет, отвечают за повышенную яркость фиолетового цвета по сравнению с чисто синим. Ведь красные ультрафиолетовые фотоны после того, как они оседают в нашем мозгу, продолжают испускать эфир даже после остановки.

Спасибо за ваше внимание!

e-mail: danina.t@yandex.ru

Все электронные книги из серии «Эзотерическое Естествознание» представлены на вебсайте Amason:

https://authorcentral.amazon.com/gp/books?ie=UTF8&pn=irid58388648

Книга 1 – «Основные оккультные законы и понятия» - http://www.amazon.com/dp/B00I1MFZV8;

Книга 2 – «Эфирная механика» - http://www.amazon.com/dp/B00I214ATQ;

Книга 3 – «Астрономия и космология» - http://www.amazon.com/dp/B00I21HFU2;

Книга 4 – «Механика тел» - http://www.amazon.com/dp/B00I21HEO4;

Книга 5 – «Биология» - http://www.amazon.com/dp/B00I21NBGY;

Книга 6 – «Новая Эзотерическая Астрология, 1» - http://www.amazon.com/dp/B00I21NDV;

Книга 7 – «Оптика и теория цвета» - http://www.amazon.com/dp/B00I21NDV2;

Книга 8 – «Химия» - http://www.amazon.com/dp/B00I21NCW2;

Книга 9 – «Термодинамика» - http://www.amazon.com/dp/B00J13QH9K.

Еще книга моего дедушки – «Воспоминания русского фельдшера о финской войне» - http://www.amazon.com/dp/B00I21QZ3K

Все эти же книги теперь будут изданы на Create Space в печатном варианте и будет продаваться на Amazon – ищите в графе – Paperback.

Те же книги на английском:

The books of the series "The Teaching of Djwhal Khul – Esoteric Natural Science" - **"The main occult laws and concepts"** - http://www.amazon.com/Main-Occult-Laws-Concepts -ebook/dp/B00GUJJR72

"Ethereal mechanics" - http://www.amazon.com/The-Doctrine-Djwhal-Khul-mechanics-ebook/dp/B00I8KSY8Y (paperback - https://www.createspace.com/4836813)

"New Esoteric Astrology, 1" - http://www.amazon.com/dp/B00JF6RMCY (paperback - https://www.createspace.com/4827294)

"Thermodynamics" - http://www.amazon.com/dp/B00KGHK8EU (paperback - https://www.createspace.com/4838412)

The book of my grandpa – **"The memories of the russian military paramedic Michael Novikov of the Finnish war"** http://www.amazon.com/dp/B00JYDITQ6